Das professionelle 1x1

Dieter Herbst

Corporate Identity

Aufbau einer einzigartigen Unternehmensidentität
Leitbild und Unternehmenskultur
Image messen, gestalten und überprüfen

3. Auflage

Cornelsen

Verlagsredaktion: Ralf Boden
Layout und technische Umsetzung: Text & Form, Karon / Düsseldorf
Umschlaggestaltung: Magdalene Krumbeck, Wuppertal
Titelfoto: © Krumbeck

Informationen über Cornelsen Fachbücher und Zusatzangebote:
www.cornelsen-berufskompetenz.de

3. Auflage

Druck: CS-Druck CornelsenStürtz, Berlin

ISBN-13: 978-3-589-23586-5
ISBN-10: 3-589-23586-1

Inhalt gedruckt auf säurefreiem Papier,
umweltschonend hergestellt aus chlorfrei gebleichten Faserstoffen.

Ihr Weg zur starken und einzigartigen Unternehmenspersönlichkeit

In Zeiten dynamischer Entwicklungen von Märkten, Unternehmen und Gesellschaft ist es für Unternehmen überlebenswichtig geworden, ihren Kunden und Lieferanten, den Behörden und Finanzgebern, aber auch ihren Mitarbeitern Orientierung und Sicherheit durch eine starke und einzigartige Unternehmenspersönlichkeit zu geben.

Wissen auch Ihre Kunden, wer Sie sind, was Sie bieten und warum Sie unvergleichlich sind? Kennen Ihre Geldgeber jene Stärken, die Ihr Unternehmen einzigartig und begehrenswert machen? Wissen Ihre Mitarbeiter, warum sie sich für das Erreichen Ihrer Unternehmensziele mit voller Kraft einsetzen sollen?

Ein stimmiges und überzeugendes Erscheinungsbild seiner Unternehmenspersönlichkeit kann aber nur jener vermitteln, der weiß, was er ist, was er kann und was von ihm erwartet wird. Anders ausgedrückt: Wer ein starkes gemeinsames Selbstverständnis über seine Unternehmenspersönlichkeit hat (Corporate Identity; CI). Dies haben viel zu wenig Unternehmen. Warum sonst greifen Käufer immer wahlloser nach Produkten? Warum sonst vermissen die Wähler Profil bei politischen Parteien? Warum sonst können sich viele Mitarbeiter nicht mit ihrem Unternehmen identifizieren? Höchste Zeit also für professionelles CI-Management!

Ob Großunternehmen, Anwaltskanzlei, Werbeagentur, Schuster, Konditorei, Lebensrettungsgesellschaft, karitative Vereinigung, Kirche – jede Organisation kann von den Vorteilen des Corporate Identity Managements (CIM) profitieren.

Dieses Buch gibt Einsteigern aber auch Profis einen aktuellen Einblick, was Corporate Identity Management ist. Sie erhalten praktische Tipps, wie Sie Ihre Corporate Identity professionell gestalten und damit Ihren Unternehmenswert steigern können. Der Serviceteil enthält Adressen, Tipps und Literaturhinweise. Viele weitere Informationen finden Sie auf der Website des Autors: *www.dieter-herbst.de*

Folgende Hinweise: In diesem Buch verwende ich zur besseren Lesbarkeit den Begriff Unternehmen. Das Konzept des Corporate Identity Managements lässt sich jedoch genauso auf andere Organisationen übertragen wie zum Beispiel Parteien, Verbände, Behörden etc. Der besseren Lesbarkeit dient auch die Verwendung der männlichen Sprachform, auch wenn Frauen ausdrücklich gleichermaßen angesprochen sind.

Ich widme dieses Buch meiner Frau Emilija. Ich danke Susanne Wischnewski und Ralf Boden für die professionelle Zusammenarbeit.

Berlin, im Sommer 2003 *Prof. Dr. Dieter Herbst*

Vorwort zur zweiten, überarbeiteten Auflage

Seit der ersten Auflage dieser Einführung in das Corporate Identity Management vor rund fünf Jahren haben sich Märkte, Unternehmen und die Gesellschaft deutlich weiterentwickelt: Zum Beispiel befinden sich die meisten Unternehmen in einem Veränderungsprozess, der sich mit nie gekannter Schnelligkeit vollzieht und der dazu führt, dass die Unternehmen ihr Selbstverständnis professionell gestalten und kontinuierlich entwickeln müssen, um ihre Position im Wettbewerb zumindest zu behaupten.

Dieses Buch berücksichtigt diese neuen Entwicklungen: Das Konzept nenne ich ab sofort „Corporate Identity Management", um zu betonen, dass es sich bei der Gestaltung der Unternehmenspersönlichkeit um eine anspruchsvolle Managementaufgabe handelt.

Neu aufgenommen sind die Erläuterungen zur Unternehmenspersönlichkeit, zur Bedeutung der emotionalen Ansprache der Bezugsgruppen und zum Verhältnis von Unternehmen und Marken. Erweitert sind die Kapitel über das Image und dessen Messung sowie den Erfolgsnachweis des CI-Managements, um den Herausforderungen durch knappe Mittel gerecht zu werden.

Berlin, im Sommer 2003 *Prof. Dr. Dieter Herbst*

Vorwort zur dritten Auflage

Seit der ersten Ausgabe dieses Buches haben sich die Bedingungen auf den Märkten weiter verschärft. Als Folge sind die Unternehmen noch komplexer, schneller und internationaler geworden. Corporate Identity, das systematische Gestalten und Vermitteln des Selbstverständnisses einer Organisation, ist daher so wichtig wie nie.

Unternehmen müssen wissen, wer sie sind und was sie einzigartig gut für ihre Bezugsgruppen leisten können. Über dieses Selbstverständnis müssen sie sich mit ihren wichtigen internen und externen Bezugsgruppen austauschen, also vor allem mit Mitarbeitern, Kunden, Geschäftspartnern, Geldgebern, Verbänden und den Behörden.

Diesen Prozess stellt dieses Buch dar. Das Vorgehen habe ich im Vergleich zu den beiden vorherigen Ausgaben überarbeitet und stärker auf die aktuellen Herausforderungen zugeschnitten. Vor allem habe ich das Management des Selbstverständnisses noch ausführlicher dargestellt, weil besonders hier noch die größten Defizite in der Praxis zu finden sind.

Das außerordentlich wichtige Thema „Bilderwelten für Unternehmen" habe ich in einem eigenen Buch dargestellt: „Corporate Imagery", das ebenfalls im Cornelsen Verlag erschienen ist.

Berlin, im Frühjahr 2006 *Prof. Dr. Dieter Herbst*

Inhaltsverzeichnis

1 DIE BEDEUTUNG

In den vergangenen Jahren haben sich die Märkte, Unternehmen und das gesellschaftliche Umfeld weiter gravierend geändert.

Vieles ändert sich in Unternehmen und deren Umfeld

1.1 Entwicklung der Märkte

Die Situation auf den Märkten hat sich dramatisch verschärft:

Harter Wettbewerb im Markt

- ZUNEHMENDER WETTBEWERB: Der Wettbewerb nimmt auf allen Märkten aufgrund ausgeschöpfter Marktpotenziale weiter zu. Die eigene Position kann nur jener verbessern, der seinen Konkurrenten Marktanteile abjagt.
- AUSTAUSCHBARE PRODUKTE: Die Produkte sind austauschbar geworden. Nicht einmal Kenner schmecken heutzutage Unterschiede zwischen den vielen Biersorten und Zigarettenmarken. In vielen Autos und Elektrogeräten befinden sich die gleichen Bauteile, weil die Unternehmen beim gleichen Hersteller einkaufen. Die STIFTUNG WARENTEST bewertet etwa 90 Prozent der getesteten Produkte mit „gut".
- PRODUKTQUALITÄT TRIVIAL: Produktqualität ist für den Konsumenten selbstverständlich geworden. Sie ermöglicht kaum noch Unterscheidung von den Konkurrenten. Da eine Abgrenzung über andere Kriterien fehlt, erlebt auch der Konsument die Angebote zunehmend als austauschbar.

Produktqualität ist für den Konsumenten selbstverständlich geworden

- MARKENINFLATION: Die Austauschbarkeit verstärken Pseudo-Marken und Kopien von Originalen, so genannte Me-too-Produkte, die dem Kunden keinen eigenständigen Nutzen bieten, kaum durch Kommunikation unterstützt sind und fast nur über den Preis verkauft werden. Ein Beispiel ist das Kopfschmerzmittel ASS RATIOPHARM, eine Kopie der Originalmarke ASPIRIN.
- MARKENFLUT: Als Reaktion auf die zunehmende Austauschbarkeit der vorhandenen Produkte kommen immer neue Produkte in immer kürzeren Abständen auf den Markt, zum Beispiel Elektroartikel und Software. Viele Konsumenten reagieren hierauf, indem sie bewusst auf das neueste Produkt verzichten und den Kauf verschieben, bis die bessere und billigere Produktgeneration auf dem Markt ist. Dieses

Phänomen wird „Leapfrogging Behaviour" genannt, zu deutsch Bocksprungverhalten. In diesen Fällen führt der Geschwindigkeitswettbewerb nicht zum Kauf, sondern er verhindert ihn!

- Produktflops: Gerade erst lieb gewonnene Marken verschwinden wieder vom Markt: Im Konsumgüterbereich werden zirka 85 Prozent der Produkte innerhalb der ersten beiden Jahre nach der Einführung vom Markt genommen. Sind Produkte erfolgreich, kopiert sie die Konkurrenz innerhalb von kürzester Zeit, was die wahrgenommene Austauschbarkeit erhöht.
- Erweiterungen, hastige Konzeptionswechsel und Umpositionierungen verwässern ursprünglich klar profilierte Marken: Melitta, einst für Kaffee bekannt, bot eine Zeit lang unter diesem Namen auch Staubsaugerbeutel, Luftreiniger und Teefilter an. Experten schätzen,dass rund 90 Prozent der Neueinführungen der letzten Jahre unter Dachmarken erfolgte. Grund hierfür ist, dass es immer teurer wird, eine neue Marke aufzubauen. Jedoch kann die Dachmarke an Profil verlieren, wenn sie viele unterschiedliche Produkte beherbergt. Sie wird oft nur noch Absenderadresse – eine prägnante, unverwechselbare Persönlichkeit fehlt ihr.

Rund 90 Prozent der Neueinführungen erfolgte unter Dachmarken

- Handelsmarken: Der Handel profiliert sich innerhalb seines Konkurrenzkampfes mit eigens geschaffenen Handelsmarken, die oft nur die preiswertere Variante der Herstellermarken sind. Folge: Die Konsumenten sind immer weniger bereit, für klassische Markenartikel teilweise doppelt so viel zu zahlen, wenn sie keinen markanten Zusatznutzen erkennen. Handelsmarken sind mittlerweile so stark geworden, dass sie die Herstellermarken ernsthaft bedrohen.
- Kurzfristiger Erfolg: Produktmanager wollen in ihrer meist kurzen Wirkungszeit Spuren hinterlassen und die Marke neu positionieren. Hierdurch fehlen die Konstanz in der Markenführung und der langfristige Blick auf die sorgfältige Entwicklung der Marke. So werden einst klar profilierte Markenbilder langfristig profillos.

Folge: Vertrauen und Orientierung gehen verloren

Als Folge dieser Entwicklungen gehen Orientierung und Vertrauen in das Einzigartige der Produkte verloren – Kunden,

Mitarbeitern und nicht zuletzt den Markenmanagern ist nicht mehr klar, für was die Marke (Produktpersönlichkeit) steht und welchen einzigartigen und dauerhaften Nutzen sie bietet. Das Interesse der Konsumenten lässt nach, ursprünglich stabile Beziehungen lockern sich.

Welche einzigartigen und dauerhaften Nutzen bietet die Marke eigentlich?

Eine Herausforderung für die Unternehmen ist daher, ihren Marktpartnern, also Kunden, Lieferanten und dem Handel, eine stärkere Orientierung und Sicherheit zu bieten. Dies ermöglicht Identifikation und schafft Vertrauen, das langfristige Beziehungen sichert (siehe Kap. 3.5).

Viele Anbieter haben diese Probleme mittlerweile erkannt. Sie ordnen ihre Marken und verringern deren Zahl: Unilever senkt die Zahl seiner über 700 Marken auf 400. Der Name Melitta steht wieder für kaffeenahe Produkte. Für die anderen Produkte sind Submarken entstanden, wie Toppits (Lebensmittelfolien) und Aclimat (Luftreiniger). Die Anbieter wollen nicht nur einzelne Marken professionell aufbauen, sondern auch in ihrem Zusammenspiel langfristig und systematisch gestalten.

Unternehmen ordnen ihre Marken und verringern deren Zahl

Die Kommunikation mit den Kunden erschwert das enorm gestiegene Medienaufgebot in Europa: Dieses ist in den letzten zehn Jahren derart gewachsen, dass Werber dreimal so große Budgets brauchen, um dieselbe Käuferzahl zu erreichen. Die Medienflut führt bei gleich bleibender Aufnahmekapazität der Konsumenten zur Informationsüberlastung, in der Fachsprache „Information Overload" genannt: Der Konsument nimmt nur noch zwei Prozent der angebotenen Informationen wahr – von 100 Seiten einer Zeitschrift also lediglich zwei. Noch eine wichtige Zahl: In Zeitschriften werden Anzeigen nur zwei Sekunden lang beachtet, selbst in Fachzeitschriften nur bis zu acht Sekunden.

Kundenbindung wird durch großes Medienaufkommen schwer

Insgesamt wird es für Unternehmen immer schwerer, ihre Marken gezielt am Markt zu profilieren. Wer hätte vor einigen Jahren gedacht, dass sich Banken eines Tages ihre Kunden mit Geschenken wie Kaffeemaschinen, Bohrgeräten, Saftpressen oder Reisekoffern gegenseitig abwerben?

Unternehmensimage wird immer wichtiger

Künftig wird die Unternehmenspersönlichkeit wesentlich stärker dazu beitragen müssen, die Marke systematisch und langfristig zu führen: Steht ein Käufer vor dem Kühlregal in

Unternehmensimage entscheidet zunehmend über Produktkauf

einem Supermarkt, entscheidet er sich bei ähnlichen Produkten und Preisen für jenes Unternehmen, das er kennt und sympathisch findet; fast 70 Prozent kaufen keine Waren von Unternehmen, von denen sie eine schlechte Meinung haben, so das Ergebnis der STERN-Studie „Dialoge 4".

Abb. 1.1: Imageanzeige von HENKEL

Vertrauenstransfer: Vertrauen in die Marke bedeutet zugleich Vertrauen in das Unternehmen

Es scheint sogar einen Vertrauenstransfer zu geben: Vertrauen in die Marke bedeutet zugleich Vertrauen in das Unternehmen. Der Konsument kann also ein positives Bild vom Unternehmen gewinnen, weil er dessen Marken kennt und schätzt. Umgekehrt kauft der Konsument das neue Produkt mitunter schon deshalb, weil er gute Erfahrungen mit dem Hersteller gemacht hat. Das Unternehmen muss daher den Konsumenten klipp und klar sagen, was es kann, was es von anderen unterscheidet und welchen Nutzen es bringt.

Marken und Unternehmen sind mitunter identisch

Oft sind die Markennamen identisch mit dem Unternehmensnamen und damit ohnehin Teil der Unternehmenspersönlichkeit, wie im Fall von MELITTA und EBAY. In diesen Fällen werden die Vorstellungen von Unternehmen und Produkten wechselseitig übertragen. Das Corporate Identity Management sollte solche Wechselwirkungen künftig stärker berücksichtigen (siehe Kap. 9). Optimal wäre, wenn sich die Images von Unternehmen und Marken gegenseitig stärken.

ABGESTIMMTE KOMMUNIKATION ENTWICKELT SICH ZUM STRATEGISCHEN ERFOLGSFAKTOR FÜR UNTERNEHMEN!

Images von Unternehmen und Marken gemeinsam gestalten

Insgesamt werden also der Aufbau und die integrierte Gestaltung von Markenimage und Unternehmensimage wichtiger werden. HENKEL hat zum Beispiel mehrere Millionen Euro in eine Kampagne gesteckt, um das Unternehmen hinter seinen Marken (PERSIL etc.) bekannt zu machen.

1.2 Entwicklung der Unternehmen

Unternehmen bieten kaum noch Orientierung

Die zunehmende Verflechtung und der schnelle Wandel der nationalen und internationalen Märkte haben dazu geführt, dass Unternehmen komplexer und undurchschaubarer geworden sind:

Entwicklung 1: Firmen werden komplexer

Aus Fachgeschäften werden Warenhäuser

Noch nie hat es so viele Firmenzusammenschlüsse und Kooperationen gegeben wie in den vergangenen Jahren. Branchenstudien zeigen, dass kaum ein Unternehmen noch die gleiche Struktur hat wie vor fünf oder gar zehn Jahren. Aus VIAG und VEBA ist E.ON entstanden, HYPO- und VEREINSBANK sind fusioniert und die ALLIANZ mit der DRESDNER BANK durch das grüne Band der Sympathie verbunden. Im Internet gab es BUECHER.DE, dann MEDIANTIS.DE, jetzt gehört alles zu BOOXTRA (Stand: Mai 2003).

Vorteile von Zusammenschlüssen

Diese Firmenzusammenschlüsse bringen den Unternehmen viele Vorteile:

- RISIKOSTREUUNG: Durch den Erwerb neuer Geschäftsfelder streuen die Unternehmen das unternehmerische Risiko und sichern ihren Erfolg breiter ab. Zum Beispiel steigen Reiseveranstalter zusätzlich in das Geschäft mit Autovermietungen und Versicherungen ein.
- SYNERGIEN: Sie entstehen vor allem dadurch, dass nach dem Zusammenschluss beide Vertriebsorganisationen

zusammengelegt und die Belegschaft verkleinert wird. In der Produktion führen Firmenfusionen dazu, dass Herstellungsbetriebe schließen.

- KOMPLETTLÖSUNGEN: Unternehmen können durch Zukauf und Übernahmen ihre Produktpalette vervollständigen, ohne selbst aufwändig und risikoreich neue Produkte entwickeln zu müssen. Für die Firmen haben Komplettlösungen den Vorteil, dass sie nicht mehr nur einzelne Marktsegmente abdecken, sondern den gesamten Markt bedienen können.

Zum Beispiel prägt längst nicht mehr nur der GOLF das Bild der Marke VOLKSWAGEN, sondern mehrere Produktlinien – vom LUPO über den PASSAT bis hin zum BENTLEY.

Kaum noch Koordination und Abstimmung

So attraktiv Zusammenschlüsse für die Unternehmen auch sein mögen: Mega-Mergers haben ihre Schattenseiten, wie die Auswirkungen auf die Organisation und die internen Strukturen der Unternehmen zeigen:

- KAUM KOORDINATION UND ABSTIMMUNG: Nicht selten hat ein Konzern mehrere Marketingabteilungen mit noch mehr Units, die alle ein Eigenleben führen: Eine Unit ist zuständig für Produkte, eine für Preise, eine für Distribution und eine für Kommunikation. Eine Unit vermarktet Marke A und die andere Marke B, ohne gegenseitige Auswirkungen zu beachten und Absprachen zu treffen. Das Gleiche geschieht in den Kommunikationsabteilungen mit Werbung, Verkaufsförderung und Public Relations.
- BEREICHSEGOISMUS: Jeder Bereich optimiert nur sich selbst. Wir-Gefühl geht verloren und macht Eigenbrötelei Platz, die den internen Arbeitsablauf stört und die Koordination und den Zusammenhalt hemmt.
- AKZEPTANZPROBLEME: Das Stammpersonal erkennt zugekaufte Marken nicht als eigene an. Dies wird als „not invented here"-Syndrom bezeichnet, zu deutsch „Das haben wir aber nicht selbst entwickelt", das selbst erfolgreiche Firmen wie HEWLETT-PACKARD kennen und fürchten, denn diese Marken werden ohne die erforderliche Beachtung und Fürsorge weitergeführt.

Mit jeder Unternehmenserweiterung verlieren die internen und externen Bezugsgruppen weiter den Überblick und erkennen den ursprünglichen Unternehmenssinn nicht mehr.

Entwicklung 2: Unternehmen werden internationaler

Lokalpatrioten werden weltmännisch

Aufgrund gesättigter Heimatmärkte weiten viele Unternehmen ihre Absatzmärkte aus: Sie werden international, multinational oder sogar global. „Global Player" sind Unternehmen, die weltweit mit allen wichtigen Unternehmensfunktionen vertreten sind. Der Heimatmarkt und der Firmensitz spielen eine untergeordnete Rolle. Die Aussichten für global agierende Unternehmen sind verlockend. Denn heutzutage muss es keine Entscheidung mehr sein, der Billigste zu sein, also Kostenführer, oder der Beste, also Qualitätsführer: Durch große Absatzmengen produzieren die Unternehmen günstig. Gleichzeitig sind sie die Besten, weil sie weltweit ihre Erfahrungen und Ressourcen in Kompetenzzentren („Centers of Competence", mehrere Zentren weltweit) und Exzellenzzentren („Centers of Excellence", ein Zentrum weltweit) bündeln.

Entwicklung 3: Firmen werden schneller

Zeit als Wettbewerbsvorteil

In Zeiten austauschbarer Produkte, zunehmender Konkurrenz, gesättigter Märkte und rasanten Technologiefortschritts nutzen viele Firmen die Zeit als Erfolgsfaktor. Das Motto lautet: *„Die Schnellen fressen die Langsamen."* Diesem Wettlauf haben sich Firmen wie SIEMENS, HONDA und das amerikanische Telekommunikationsunternehmen AT&T angeschlossen.

Lean Management, Reengineering und Flexibilisierung

Die Umsetzungskonzepte heißen Lean Management, Reengineering und Flexibilisierung. Dabei beschränken sich die Maßnahmen zur Steigerung der Schnelligkeit nicht auf einzelne Abteilungen oder Funktionen, sondern sie erstrecken sich auf die gesamte Wertschöpfungskette – von Forschung und Entwicklung über die Produktion bis hin zum Marketing. Schnelligkeit hat jedoch auch ihre Grenzen, nämlich dort, wo sie den Produktkauf verhindert, weil die Konsumenten auf billigere und ausgereifte Modelle warten (siehe Kap. 1.1).

Folge dieser Entwicklungen

Bezugsgruppen verlieren den Überblick

Als Folge dieser Entwicklungen in den Unternehmen verlieren interne und externe Bezugsgruppen den Überblick: Sie wissen nicht, was sich hinter Kunstnamen wie AVANZA (früher RWE-STROM), AVENSIS (Automarke von TOYOTA), AVENTIS (HOECHST und RHONE-POULENC) verbirgt und für welche Werte diese Namen stehen. Sie müssen umlernen: Aus ANDERSON CONSULTING wurde ACCENTURE, aus der QUELLE-BANK ENTRIUM, aus der METALLGESELLSCHAFT MG TECHNOLOGY. Und für was steht INVENTIS? INVENSYS? INVENTYS?

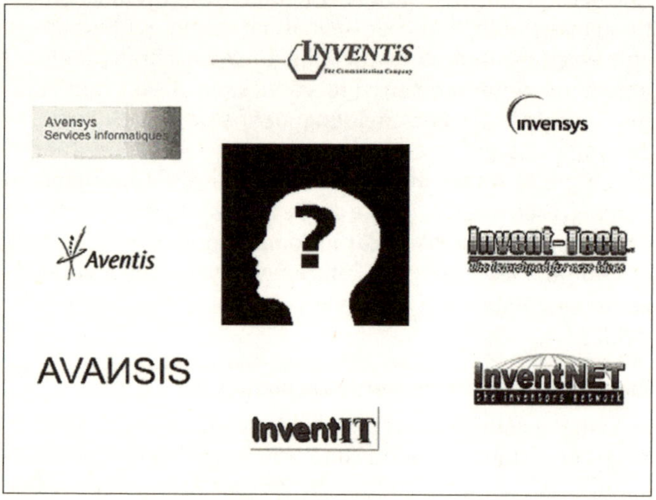

Abb. 1.2: Namen werden austauschbar

Etablierte Unternehmen kämpfen mit ihrem Image

Selbst etablierte Unternehmen haben mit ihrem Image zu kämpfen: VOLKSWAGEN hat an Profil verloren, weil der Kunde dort mittlerweile jeden Autotyp kaufen kann: billige und teure, schnelle und langsame, sportliche und wirtschaftliche. Ein anderes Beispiel: In den 80er-Jahren sorgte das Zusammenfassen von Unternehmen unter dem Dach des DAIMLER-BENZ-Konzerns für Verwirrung: Aus dem Autobauer sollte ein integrierter Technologiekonzern entstehen, MERCEDES wurde zur Tochtergesellschaft: *„Früher wussten wir noch, wer wir sind: Automobilbauer. Jetzt wissen wir das nicht mehr"*, sagten Mitarbeiter von MERCEDES in einer ZDF-Sendung.

Seit der Fusion von DAIMLERCHRYSLER ist die Orientierung über die Unternehmenspersönlichkeit vollständig verloren gegangen. Da überrascht es nicht, wenn das Meinungsforschungsinstitut TNS EMNID im September 2002 im Rahmen einer repräsentativen Telefonbefragung unter 1.000 PKW-Fahrern herausgefunden hat, dass sich das Image deutscher Automobilkonzerne drastisch verschlechtert hat.

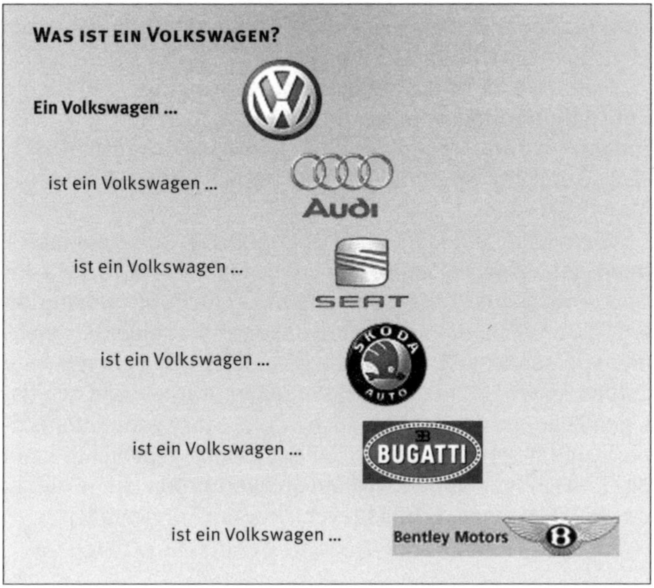

Abb. 1.3: Marken unter dem Dach von VOLKSWAGEN

Unternehmen müssen ein starkes und klares Image entwickeln

Diese Entwicklungen unterstreichen, wie wichtig professionelles Corporate Identity Management (CIM) geworden ist: Es sorgt dafür, dass die Bezugsgruppen das Unternehmen wahrnehmen, erkennen, erinnern und bevorzugen. Wichtige Bezugsgruppen erfahren, welche Werte und Normen dem unternehmerischen Handeln zugrunde liegen, damit sie entscheiden können, ob sie das Handeln unterstützen oder nicht.

Die Bezugsgruppen können sich mit den Unternehmenswerten identifizieren, was Vertrauen schafft und langfristige Beziehungen sichert. Dies gilt sowohl für die internen als auch für die externen Bezugsgruppen.
Fazit:

UNTERNEHMEN MÜSSEN ZEIGEN: DAS SIND WIR, DAS KÖNNEN WIR UND DAS WOLLEN WIR!

Besonders wichtig ist die starke Unternehmenspersönlichkeit für Unternehmen mit einer undurchschaubaren Angebotsfülle (Autos, Zigaretten etc.), bei Produkten, die sich kaum rational prüfen lassen (Technikgeräte etc.) oder bei Luxusartikeln (Uhren, Taschen etc.).

Corporate Identity Management ist nicht mehr nur für die Konsumgüterindustrie wichtig, sondern auch für Dienstleistungen (Allianz, Axa, Yahoo etc.), Investitionsgüter (Intel, IBM, Gore Tex etc.) und für den Handel (Douglas, Media Markt, Otto etc.).

Der Börsenwert eines Unternehmens ist wesentlich von immateriellen Faktoren bestimmt

Wie wichtig ein klares und abgegrenztes Unternehmensimage ist, zeigt die Schätzung von Finanzexperten, dass der Börsenwert eines Unternehmens wesentlich von immateriellen Faktoren bestimmt ist – und dazu gehört seine Unternehmenspersönlichkeit: Die Finanzgemeinde will nicht nur gute Zahlen sehen, sondern auch von einer starken und schlüssigen Zukunftsgeschichte, auch Equity Story genannt, fasziniert und begeistert werden. Diese Erfolgsgeschichte kann das CI-Management entwickeln und vermitteln (siehe hierzu das Beispiel einer „Erfolgsgeschichte" im Serviceteil).

1.3 Entwicklung der Gesellschaft

Werteverschiebung

In der Gesellschaft ist eine Verschiebung von Werten festzustellen: Die Bedeutung von Disziplin, Gehorsam und Selbstbeherrschung hat abgenommen. Wichtig geworden sind Genuss, Gesundheits- und Umweltbewusstsein, Selbstentfaltung, Kreativität und Spontaneität, Individualität und Gemeinschaftserlebnisse. Erlebnis ist das aktuelle Schlüsselwort in der Freizeitforschung, stellt der Freizeitforscher Horst Opaschowski fest.

Die Wertprioritäten in der Gesellschaft verschieben sich:

- Abwertung von Disziplin, Gehorsam, Selbstbeherrschung
- Aufwertung von Genuss, Gesundheits- und Umweltbewusstsein, Selbstentfaltung, Kreativität und Spontaneität, Individualität und Gemeinschaftserlebnis

Abb. 1.4: Werteverschiebung in der Gesellschaft

Unternehmerisches Handeln muss sich stärker als bisher an diesen Entwicklungen ausrichten. Hierzu gehört, dass Sie stärker Themen wie Gesundheit, Schaffen und Sichern von Arbeitsplätzen und Fördern sozialer und humanitärer Ziele berücksichtigen müssen. Das Engagement für die Umwelt setzen die Bezugsgruppen mittlerweile als selbstverständlich voraus. Gleichzeitig werden materielle Werte wichtiger und damit verbunden Selbstentfaltung, Individualisierung und Erlebnisorientierung.

Sinn vermitteln

Zum Beispiel wollen die Mitarbeiter den Sinn ihrer Tätigkeit und die übergeordneten Ziele des Unternehmens kennen. Sie wollen stärker in das Unternehmensgeschehen eingebunden sein. Da dies durch Spezialisierung von Tätigkeiten immer weniger gelingt, lässt die Identifikation der Mitarbeiter zu wünschen übrig – Job-Denken macht sich breit. Es fehlen Leitbilder, die gemeinsames Denken und Handeln ermöglichen und die Mitarbeiter zu Mitgestaltern gemeinsamer Herausforderungen machen, die sie mit Stolz und Selbstwertgefühl meistern.

ENTWICKLUNG	Konsequenz für das Corporate Identity Management (CIM)
• Produkte und Leistungen unterscheiden sich objektiv kaum noch. Der harte Wettbewerb wird weiter zunehmen. • Unternehmen verändern sich und werden komplexer, internationaler und schneller. • Werte verschieben sich von sachlich-rationalen Werten hin zu emotionalen Werten.	• Das Unternehmen kann sich im Markt durch seine Unternehmenspersönlichkeit profilieren. • Das CIM muss Orientierung und Vertrauen durch die starke und einzigartige Unternehmenspersönlichkeit ermöglichen. • Das CIM muss die Bezugsgruppen einbeziehen und deren Gefühlswelt wesentlich stärker berücksichtigen (Events etc.).

Abb. 1.5: Wichtige Entwicklungen und deren Konsequenzen für das CIM

Diese Entwicklungen in der Gesellschaft bedeuten für das Corporate Identity Management, dass es den Mitarbeitern erklären muss, warum es das Unternehmen gibt (Legitimation) und warum es sich lohnt, für seine Ziele einzutreten. Das CIM muss wesentlich stärker die Bezugsgruppen einbeziehen und deren Gefühlswelt berücksichtigen, zum Beispiel durch kraftvolle Bilderwelten und Events (siehe Kap. 6.5).

1.4 Fazit

Erfolgsfaktor Unternehmenspersönlichkeit

Die Entwicklung der Märkte, der Unternehmen und der Gesellschaft zeigt, wie wichtig professionelles CIM geworden ist:

Es sorgt dafür, dass Unternehmen und ihre Leistungen wahrgenommen, erkannt und erinnert werden. Wichtige Bezugsgruppen erfahren, welche Werte dem Unternehmenshandeln zugrunde liegen. Dies ermöglicht ihnen zu entscheiden, ob sie dieses Handeln unterstützen wollen oder nicht.

2 Der Begriff

Das Management von Identität

Das Wort „Corporate“ stammt aus der englischen Sprache und bedeutet zum einen „Kooperation“, „Verein“, „Gruppe“, „Unternehmen“, „Zusammenschluss“; zum anderen steht das Wort für „vereint“, „gemeinsam“, „gesamt“. Es geht also um eine Organisation oder eine Gemeinschaft als Ganzes: ob Unternehmen, Verein, Verband, Partei, Gewerkschaft, Polizei, Kirche, Stadt, Region oder Land.

Gemeinsames Selbstverständnis aller Mitarbeiter über die Unternehmenspersönlichkeit

„Identity“ bedeutet Selbstverständnis: *Wer bin ich? Was kann ich? Was will ich? Wer bin ich in den Augen anderer? Wer will ich in den Augen anderer sein?* Die Identität eines Unternehmens ergibt sich aus dem gemeinsamen Selbstverständnis aller Mitarbeiter über die Unternehmenspersönlichkeit. Dieses Selbstverständnis entsteht aus der Beziehung zwischen innen und außen (siehe Kap. 3.4). Sie zeigt sich im Denken, Handeln und den Leistungen des Unternehmens. Je mehr Mitarbeiter in dieser Einschätzung übereinstimmen, desto einheitlicher und ausgeprägter ist das gemeinsame Selbstverständnis über die Unternehmenspersönlichkeit. Bestehen dagegen sehr unterschiedliche Vorstellungen über das Selbstverständnis, kann das Unternehmen keine klare eindeutige Persönlichkeit vermitteln – es gilt als unklar und diffus.

Der Begriff Management steht für das systematische und langfristige Vorgehen aus Analyse, Planung, Gestaltung und Kontrolle (siehe Kap. 7).

CORPORATE IDENTITY MANAGEMENT IST DIE SYSTEMATISCHE UND LANGFRISTIGE GESTALTUNG DES GEMEINSAMEN SELBSTVERSTÄNDNISSES EINES UNTERNEHMENS ÜBER SEINE UNTERNEHMENSPERSÖNLICHKEIT!

Gemeinsames Selbstverständnis erkennen, entwickeln und prüfen

Corporate Identity Management kann das Selbstverständnis des Unternehmens erkennen, gestalten, vermitteln und prüfen: Das Unternehmen erkennt bewusst und in einem systematischen Prozess seine Persönlichkeit und vergleicht diese mit Wünschen und Erwartungen von Mitarbeitern und externem Umfeld. Auf dieser Basis entscheidet sich das Unternehmen, ob es sein gemeinsames Selbstverständnis ändern muss und wie es sein soll.

DIE SCHRITTE DES CORPORATE IDENTITY MANAGEMENTS

Das gemeinsame Selbstverständnis des Unternehmens
- ERKENNEN
- VERMITTELN
- BESTIMMEN
- KONTROLLIEREN

Abb. 2.1: Die Schritte des CIM

Diese angestrebte Unternehmenspersönlichkeit wird durch das Erscheinungsbild (CORPORATE DESIGN), Kommunikation (CORPORATE COMMUNICATION) und Verhalten (CORPORATE BEHAVIOUR) nach innen und außen vermittelt. Das gemeinsame Selbstverständnis wird auch immer wieder kritisch geprüft, um festzustellen, ob es weiterhin den sich ändernden internen und externen Erwartungen und Anforderungen gerecht wird.

Abb. 2.2: Spannungsfeld des CIM-Prozesses

CIM gestaltet einen Orientierungsrahmen

Wichtig ist, dass ein Unternehmen nicht nur erkennt, was es sein will, sondern auch, wie es durch die eigene Kompetenz und Leistung glaubhaft sein kann. Will sich das Unternehmen stärker dem Umweltschutz verpflichten, muss es dies auch umsetzen können. Und: Das Unternehmen muss prüfen, ob das, was es kann, auch vom Umfeld so gesehen und akzeptiert wird.

Corporate Brand: das Unternehmen zur Marke machen

Für diesen Prozess wird seit kurzer Zeit auch der Begriff Corporate Brand verwendet. Diesem Begriff liegt die Überlegung zugrunde, das Unternehmen zur Marke (Brand) zu machen, also ihm ähnlich dem Produkt eine Persönlichkeit zu verleihen, die das Unternehmen aus der Masse heraushebt und einzigartig macht. Da es in allen Fällen darum geht, durch starke Persönlichkeiten Orientierung und Vertrauen zu ermöglichen, geht dieses Buch davon aus, dass Markenführung die systematische und langfristige Gestaltung der Produktpersönlichkeit ist, CIM die systematische und langfristige Gestaltung der Unternehmenspersönlichkeit.

Begriffe und was sie bedeuten	
Corporate Identity	Selbstverständnis eines Unternehmens über seine Unternehmenspersönlichkeit: Wer sind wir? Wer wollen wir sein? Wie werden wir gesehen? Wie wollen wir gesehen werden?
Corporate Identity Management	Managementprozess zur systematischen und langfristigen Gestaltung des Selbstverständnisses des Unternehmens über seine Unternehmenspersönlichkeit
Marke (Brand)	Produktpersönlichkeit
Corporate Brand	Ein Unternehmen zur Marke machen, also zur Produktpersönlichkeit
Corporate Brand Management	Managementprozess zur systematischen und langfristigen Gestaltung des Selbstverständnisses des Unternehmens über seine Unternehmenspersönlichkeit Gleichzusetzen mit CI-Management

CIM ist ein ganzheitlicher Prozess

Corporate Identity Management ist demnach (siehe Kap. 7):

- Ganzheitlich: CIM ist ein Mosaik, in dem alle Steine vorhanden sein müssen, damit ein komplettes Bild entsteht. CIM berührt nicht nur das Marketing oder die Public Relations, sondern auch alle anderen Funktionen wie Personal oder Produktion. CIM berücksichtigt nicht nur das Unternehmensumfeld, sondern auch die eigenen Mitarbeiter. Das Selbstverständnis wird nicht nur durch das visuelle Erscheinungsbild (Design) vermittelt, sondern auch durch Kommunikation und Verhalten. Diese ganzheitliche Sicht macht das Corporate Identity Management zum wichtigen Bestandteil der strategischen Unternehmensführung.

- Systematisch geplant: Corporate Identity Management bedeutet nicht planlosen Aktionismus durch das Renovieren des Unternehmenslogos, eine Neujahrsansprache des Firmenchefs oder eine Aufsehen erregende Werbekampagne. Identitätsprobleme müssen sorgfältig und zuverlässig aufgedeckt, wirkungsvoll gelöst und das Ergebnis bewertet werden. Ein solches Konzept gewährleistet, dass ein Unternehmen vorausschauend seine Chancen erkennt und seine Zukunft erfolgreich gestaltet.
- Aktiv: Jedes Unternehmen hat eine Unternehmenspersönlichkeit – und sei es eine schwache. Corporate Identity Management bedeutet, diese Persönlichkeit zu erkennen und das gemeinsame Selbstverständnis über diese Unternehmenspersönlichkeit im Spannungsfeld eigener Stärken und Schwächen, den internen und externen Erwartungen und Wünschen aktiv zu entwickeln.

Jedes Unternehmen hat eine Unternehmenspersönlichkeit

- Kontinuierlich: Da sich das Unternehmen und sein Umfeld ständig ändern, ist Corporate Identity Management ein lebendiger und kontinuierlicher Prozess, der die Entwicklungen des Marktes und des gesellschaftlichen Umfeldes vorwegnehmen sollte.
- Langfristig: Corporate Identity Management ist weder Schnellschuss noch Feuerwehr in einer Krise. Durch spektakuläre aber vordergründige Maßnahmen leidet die Glaubwürdigkeit. Vertrauen kann verloren gehen. Wer also Erfolge quasi über Nacht durch ein neues Briefpapier und einige Werbeplakate erwartet, sollte Zeit, Mühe und Geld sparen. Ein gemeinsames Selbstverständnis entwickelt sich langsam – ebenso das gewünschte Image bei den wichtigen Bezugsgruppen.

3 Die Unternehmenspersönlichkeit

Zentrale Merkmale von Unternehmen

Die Unternehmenspersönlichkeit ist – wie die Persönlichkeit des Menschen – durch ein oder mehrere Merkmale gekennzeichnet, die das Unternehmen dauerhaft von den anderen Unternehmen unterscheidet: Volvo steht für Sicherheit, Mercedes für Qualität, BMW für sportliches Fahren.

> *Jedes Unternehmen hat eine Persönlichkeit – und sei es eine schwache!*

Wie die starke Persönlichkeit des Menschen in einer Gruppe hebt sich die starke Unternehmenspersönlichkeit wie ein Leuchtturm in der Flut von Unternehmen ab. Durch seine einzigartigen und unverwechselbaren Merkmale wird das Unternehmen für andere vertrauenswürdig und gilt als verlässlich, denn man weiß, mit wem man es zu tun hat: Yahoo steht für hochwertige Informationsaufbereitung, die Handelskette Body Shop steht für soziale Verantwortung, Disney für Familienwerte. Diese Merkmale sind für die Bezugsgruppen bedeutend und machen das Unternehmen für diese so attraktiv.

Die starke Unternehmenspersönlichkeit präsentiert sich durchgängig in allen Kontakten mit den Bezugsgruppen – also in Design, Kommunikation und Verhalten. In jedem Kontakt erkennen die Bezugsgruppen die Unternehmenspersönlichkeit. Jedoch ist es das Problem vieler Unternehmen, dass sie austauschbar erscheinen, weil ihnen in den Augen ihrer Bezugsgruppen jegliche Einzigartigkeit und Stärke fehlen.

Merkmale von Unternehmen

Federal Express:	Schnelle, zuverlässige Lieferung
Birkenstock:	Naturbezogene Werte, natürlicher Lebensstil
Canon:	Technische Höchstleistung
3M:	Innovation
Miele:	Zuverlässigkeit
Braun:	Funktionelles Design
Aigner:	Modisches Design

Abb. 3.1: Unternehmen und ihre Merkmale

Hier kann ein CIM-Prozess helfen, der die Aufgabe hat, die Unternehmenspersönlichkeit systematisch und langfristig zu gestalten.

Drei Aufgaben der Unternehmenspersönlichkeit

Die starke Unternehmenspersönlichkeit dient somit dem
- IDENTIFIZIEREN: Die Bezugsgruppen können das Unternehmen klar erkennen und ihm bestimmte Eigenschaften eindeutig zuordnen.
- DIFFERENZIEREN: Die Bezugsgruppen können das Unternehmen deutlich von anderen Unternehmen unterscheiden.
- PROFILIEREN: Für die Bezugsgruppen sind die Eigenschaften wichtig und sie befriedigen deren Bedürfnisse. Sie meinen, dass das Unternehmen dies aufgrund seiner Kompetenz auf einzigartige Weise leisten kann.

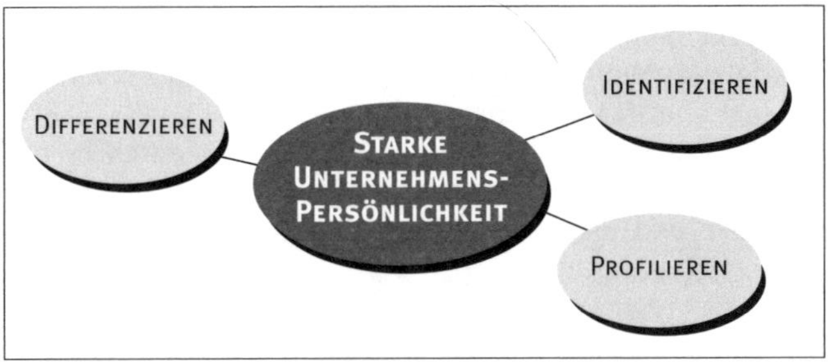

Abb. 3.2: Aufgaben der starken Unternehmenspersönlichkeit

Viele Parallelen zwischen Mensch und Unternehmen

Die Verbindung zwischen der Persönlichkeit von Menschen und Unternehmen ist eng:

Hinweise für Ähnlichkeiten von Menschen und Unternehmen

- UNTERNEHMEN BESTEHEN AUS MENSCHEN: Unternehmen sind nichts anderes als die soziale, organisatorische und rechtliche Verbindung von Menschen. Menschen arbeiten in Unternehmen, gestalten und lenken sie. Sie können das Unternehmen verlassen und an anderer Stelle die gleiche Arbeit verrichten, wie das Beispiel der Topmanager zeigt, die von Unternehmen zu Unternehmen wechseln.
- UNTERNEHMEN HABEN MENSCHLICHE EIGENSCHAFTEN: Unternehmen lassen sich mit Eigenschaften von Menschen beschreiben als „cool“, „amerikanisch“, „jung“, „aufregend“, „unkonventionell“ und „lustig“. Die Bezugsgruppen können beschreiben, welches Geschlecht und welches Alter das Unternehmen hat, woher es kommt, wie seine Freunde aussehen und wie seine Feinde.
- UNTERNEHMEN ENTWICKELN SICH ÄHNLICH WIE MENSCHEN: Unternehmen sind keine statischen Gebilde, sondern sie

HENKEL: Ein Unternehmen geht Beziehungen mit seinen Bezugsgruppen ein

lernen, behalten ihr Wissen, verlernen es wieder und ersetzen es durch neues.

- DAS UNTERNEHMEN KANN BEZIEHUNGEN MIT SEINEN BEZUGSGRUPPEN EINGEHEN: Das Unternehmen kann Freund sein, wie APPLE *(Jeder sollte einen Freund wie Apple haben)* und HENKEL *(Henkel – A Brand like a friend)*, ein Kumpel zum Spaß haben (VIRGIN), Mentor (MICROSOFT), Berater (MORGAN STANLEY).
- MENSCHEN KÖNNEN IHRE PERSÖNLICHKEIT DEM UNTERNEHMEN VERLEIHEN, wie im Fall von Richard Branson (VIRGIN), Rolf Fehlbaum (VITRA) und Michael Otto (OTTO).
- UNTERNEHMEN KÖNNEN MENSCHLICHE GESTALT ANNEHMEN, wie das MICHELIN-Männchen oder Herr Kaiser von der HAMBURG-MANNHEIMER.

MICHELIN-Männchen: Ein Unternehmen nimmt menschliche Gestalt an

- UNTERNEHMEN WERDEN DURCH EINEN MENSCHEN IN DER KOMMUNIKATION LEBENDIG, wie O2 durch Franz Beckenbauer und die DEUTSCHE POST WORLD NET durch die Gottschalk-Brüder.
- SELBST TIERE KÖNNEN DIE UNTERNEHMENSPERSÖNLICHKEIT VERMITTELN, wie der Tiger von Esso und der Spürhund von LYCOS. Solche Symbole sind besonders geeignet, innere Bilder hervorzurufen, die stark wirken und das Verhalten wesentlich beeinflussen können (siehe Kapitel 6.5.3).

Abb. 3.3 Die Post setzt auf das Gottschalk-Duo (DEUTSCHE POST WORLD NET)

Zu den wichtigen Unterschieden zwischen den Persönlichkeiten von Menschen und Unternehmen gehört zum Beispiel, dass Unternehmen nicht altern müssen: Professionelles Identitätsmanagement kann sie jahrzehntelang jung halten. Und: Menschen können ihre Persönlichkeit selbst entwickeln, die eines Unternehmens muss gestaltet werden.

Unternehmen müssen nicht altern

Die Persönlichkeit liefert Antworten

Das Ausrichten der Unternehmenspolitik an der Unternehmenspersönlichkeit kann viele aktuelle Fragen beantworten:

Vorteile der Ausrichtung an der Unternehmenspersönlichkeit

- KLARHEIT: Die Verantwortlichen werden sich klar darüber, was ihr Unternehmen kennzeichnet, was es einzigartig macht und profiliert. Viele Unternehmen wissen dies nicht. Diese Erkenntnis können sie als dauerhaften Wettbewerbsvorteil nutzen.
- ORIENTIERUNG: Die Merkmale geben den internen und externen Bezugsgruppen Halt und Orientierung, indem sie zeigen, was stabil ist und was sich ändert.
- BEWERTUNGSMASSSTAB: Fusionen und Akquisitionen können danach bewertet werden, ob und wie die beteiligten Unternehmen zusammen passen (siehe Kap. 9.1).
- ENTSCHEIDUNGSSICHERHEIT: Sämtliche Instrumente der Identitätsvermittlung lassen sich an der Unternehmenspersönlichkeit ausrichten (Koordination und Kontrolle; siehe Kap. 7.3.1).

3.1 Entwicklung

Die Unternehmenspersönlichkeit kann durch unterschiedliche Aspekte geprägt sein. Folgende Perioden lassen sich in Anlehnung an Birkigt/Stadler/Funk unterscheiden:

Prägung der Unternehmenspersönlichkeit

- TRADITIONELLE PERIODE: Ursprünglich prägten die Firmengründer die Unternehmenspersönlichkeit, wie Max Grundig, Werner von Siemens und Gottlieb Daimler. Sie gaben vor, für welche Werte ihr Unternehmen steht und wie die Mitarbeiter handeln sollen. Selbst als der Gründer starb oder sich zurückzog dienten seine Ideen, Visionen und Eigenheiten als Vorbilder für die nachfolgenden Manager, die im gleichen Sinn dachten, handelten und neue Mitarbeiter aussuchten. Ein Beispiel aus heutiger Zeit ist Claus Hipp (HIPP BABYNAHRUNG).

Gründer prägt Unternehmenspersönlichkeit

Claus Hipp steht für sein Unternehmen

Marke prägt Unternehmenspersönlichkeit

- Marken-Periode: In den 20er-Jahren prägte zunehmend die Marke (Produktpersönlichkeit) das Selbstverständnis des Unternehmens. Die Marke war erforderlich geworden, weil sich durch die Industrialisierung der direkte Kontakt zwischen Hersteller und Käufer auflöste. Um weiterhin das Vertrauen des Kunden zu sichern, stand die Marke für die standardisierte Fertigware mit konstant hoher Qualität, gleichartiger Verpackung, gleicher Menge und einem einheitlichen Preis.

Hans Domizlaff begründet die Markentechnik

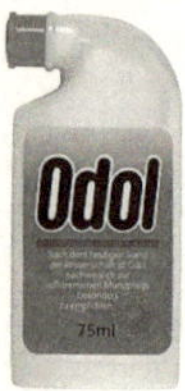

Die Odol-Flasche von GlaxoSmithKline

Maßgeblich für den Aufbau und die Führung von Marken war Hans Domizlaff, der den Begriff Markentechnik prägte. In seinem Buch „Gewinnung des öffentlichen Vertrauens“ beschreibt er den Zusammenhang von Marke und Unternehmenspersönlichkeit so: *„Die Verwendung eines Namens muss auf ein einziges Erzeugnis ... beschränkt sein ... Eine Firma für eine Marke, zwei Marken sind zwei Firmen.“* Domizlaff schuf für Reemtsma die Ernte 23, für Siemens das Signet und die Staubsaugermarke Rapid.

Auch andere Marken entstehen: Osram bringt die gleichnamige Glühbirne auf den Markt, populär werden Maggi, Knorr und Odol-Mundwasser.

Design prägt Unternehmenspersönlichkeit

- Design-Periode: Nach dem Zweiten Weltkrieg gewinnt die visuelle Produktgestaltung an Bedeutung. In den USA hat hierzu entscheidend Raymond Loewy beigetragen. In Deutschland gaben Wolfgang Schmittel und Otl Aicher der Lufthansa, Olivetti, Braun und den Olympischen Spielen 1972 in München die einzigartige visuelle Anmutung. Insgesamt schaffen Markentechnik und Design die gewünschte und zunehmend wichtige Abgrenzung im Wettbewerb – Ergebnis sind die klare Positionierung und zunehmendes Vertrauen in die Qualität der Produkte.

Image wird entscheidend

- Image-Periode: Mitte der 50er-Jahre rückt das Image, also das Vorstellungsbild von einem Meinungsgegenstand, ins Zentrum der Aufmerksamkeit. Die beiden Amerikaner Gardener und Lewy wiesen darauf hin, dass die Produktentscheidung maßgeblich vom Image geprägt ist, das der Konsument vom Produkt hat.

Imagekampagnen

Imagekampagnen verfolgen seither das Ziel, das festgelegte Firmen- und Markenbild beim Verbraucher zu erzeugen und angemessen zu gestalten. Dies soll Anonymität beseitigen und möglichst dauerhaft emotional binden. Jedoch brachten die Kampagnen oft nicht den erhofften Erfolg. Grund: Die Unternehmen versuchten, nach außen ein gutes Bild zu vermitteln, aber deren Handeln stimmte nicht mit den vollmundigen Bekundungen überein. Das Ergebnis waren Verwirrung und Unglaubwürdigkeit. Hinzu kam, dass die Mitarbeiter oft nicht in die Imagegestaltung einbezogen waren. Sie erkannten in der schillernden Kommunikation ihren Arbeitergeber nicht wieder und verloren das Vertrauen. Mehr noch: Sie erzählten von ihren widersprüchlichen Eindrücken abends am Stammtisch.

Die Folge war die Erkenntnis, dass Bilder, Worte und Taten übereinstimmen müssen, um ein widerspruchsfreies Bild vom Unternehmen zu erzeugen, und dass die Mitarbeiter essenziell für den Imageaufbau sind. Das strategische Verständnis der Unternehmenspersönlichkeit entstand.

Ganzheitliche Sicht

- STRATEGIE-PERIODE: In den 70er-Jahren verschmolzen Design, Verhalten und Kommunikation zu einem ganzheitlichen, strategischen Konzept: Das Unternehmen sollte seine Unternehmenspersönlichkeit kraftvoll und wider spruchsfrei in allen Darstellungsformen nach innen und außen vermitteln, also durch sein visuelles Erscheinungsbild, seine Kommunikation sowie sein Verhalten. Bis heute gelingt dies nur wenigen Unternehmen. Gründe hierfür sind zum Beispiel nicht angemessene Strukturen, Prozesse und Kulturen (siehe Kap. 8).

Diese Perioden sind nicht streng zeitlich zu verstehen: Zum Beispiel sind auch heute noch Unternehmen stark von der Gründerpersönlichkeit geprägt, wie zum Beispiel SWAROVSKI; für einige spielt Design die zentrale Rolle, wie zum Beispiel BRAUN, BANG & OLUFSEN und VITRA.

3.2 Kennzeichnung

Die Markierung des Unternehmens

Das Kennzeichen des Unternehmens, also die Markierung, ermöglicht den Bezugsgruppen, das Unternehmen klar zu erkennen und eindeutig zuzuordnen – der Mensch hat hierfür seinen Namen.

Die Telekom: Eindeutig gekennzeichnet

Das Kennzeichen kann ein Name, ein Logo, eine Farbe sein. Wie wichtig solche Zeichen sind, zeigt das Beispiel der Telekom, deren „T“ und deren Hausfarbe Magenta fast jeder kennt. Solche Kennzeichen sind Hinweisschilder auf das Unternehmen.

Das Kennzeichen muss etwas bedeuten

Zeichen brauchen Sinn

Beachten Sie, dass eindeutige Kennzeichen nicht zwangsläufig für starke Unternehmenspersönlichkeiten stehen, wie die Beispiele Sprengel, Booxtra und Aral zeigen.

Es reicht also nicht aus, wenn Bezugsgruppen den Namen oder das Logo des Unternehmens kennen; sie müssen auch wissen, wofür der Name und das Logo stehen. Die Zeichen müssen mit einer eindeutigen Bedeutung aufgeladen sein, damit sie der Mensch mit dem Unternehmen assoziiert.

Die bekannte Markierung, die für nichts oder ein altes Konzept steht, hat keinen Wert!

Formen von Markierungen

Farben
Rot: Virgin, e.on
Blau: Aral, AOL, Avanza
Gelb: Kodak, Deutsche Post, Yello Strom

Farbkombination
Rot und gelb: Booxtra
Schwarz und gelb: Lycos, Ytong
Schwarz und rot: Hotbot, Consors

Logo
eBay: Schriftzug
Nike: Swootch
Shell: Muschel

Wort, Zahl
4711
JobScout 24

Lebewesen
Lycos: Spürhund
Letsbuyit.com: Ameise
Esso: Tiger im Tank

Visuelle Metapher
Württembergische Versicherung: Fels in der Brandung
Dresdner Bank: Grünes Band der Sympathie
Schwäbisch Hall: Auf diese Steine können Sie bauen

Abb. 3.4: Markierung von Unternehmen

3.3 Merkmale

Grund für die Einzigartigkeit des Unternehmens

Das Ausrichten der Unternehmenspolitik an der Unternehmenspersönlichkeit setzt voraus, dass die Verantwortlichen die Unternehmenspersönlichkeit verstehen und deren Entstehung, Entwicklung und einzigartigen Merkmale kennen.

Diese Merkmale können sein:

- Hohe technische Qualität prägt zum Beispiel die Produkte von Mercedes-Benz, IBM und Gore-Tex.
- Der hohe Preis und die damit verbundene Exklusivität, wie im Fall von Cartier, Rolex und Davidoff.
- Das visuelle Erscheinungsbild kann die Persönlichkeit prägen, wie im Fall von Bang & Olufsen, Braun und Citroen.
- Die geografische Verankerung des Unternehmens ist prägend, wie im Fall von Hamburg.de (Stadtportal), Club Mediterranee (Mittelmeerraum). Sie kann für Kompetenz stehen, wie die Braukunst aus Bayern, die Schneidekunst aus Solingen und die Käsekompetenz Hollands. Unternehmen aus Großbritannien werden vor allem mit Tradition, hochwertiger Qualität und einem guten Preis-/Leistungsverhältnis verbunden. Produktgruppen können mit Ländern assoziiert werden, wie Kleidung (Italien), Wein (Frankreich) und Uhren (Schweiz).
- Die kulturelle Verankerung in einer Region oder einem Land kann sich auf die Unternehmenspersönlichkeit übertragen, wie die „Deutsche Gründlichkeit" auf die Lufthansa.
- Die Geschichte des Unternehmens kann Tradition verkörpern wie im Fall von Volkswagen. Die Erinnerung an Vergangenes ist mit starken Emotionen verbunden. Nicht zuletzt der Nostalgietrend ermöglichte der Marke Harley Davidson in den 80er-Jahren eine Wiederauferstehung. Die Geschichte spielt auch für die Ersten ihrer Branche eine Rolle, wie CNN (erster Kabel-Nachrichtensender), Intel (erstes Unternehmen für Mikroprozessoren). Im Internet werden sie „First-Mover" genannt, wie zum Beispiel Charles Schwab, der Discount Broker.
- Die Bedeutung als Marktführer kann die Persönlichkeit prägen, wie im Fall von Nokia, L'Oreal und Philip Morris.

- Die Branchenzugehörigkeit kann wichtig sein, um neue Märkte zu erobern: Die Uhren von Ferrari sind vom Ursprung in der Autoindustrie geprägt. Neue Produktshops von Amazon, zum Beispiel Videospiele, Software und Elektronik, können vom Vertrauenskapital des Stammunternehmens profitieren.
- Die Zugehörigkeit zum Konzern kann wichtige Stütze der Unternehmenspersönlichkeit sein: Mercedes und Debis sind eng mit DaimlerChrysler verbunden, Seat und Skoda mit dem Volkswagen-Konzern und Geocities mit Yahoo.
- Der Vertriebsweg kann eine zentrale Rolle für die Unternehmenspersönlichkeit spielen wie im Fall von Vorwerk, Tupperware und Avon. Dies gilt auch für eBay, Dell und Yahoo, die eigens für das Internet geschaffen wurden.

Steuerrad für Ihre Unternehmenspersönlichkeit

Hilfreiches Praxismodell

Um Ihre Unternehmenspersönlichkeit zu bestimmen, können Sie die Erkenntnisse der Verhaltenswissenschaft und das hieraus abgeleitete Praxismodell des Markensteuerrades

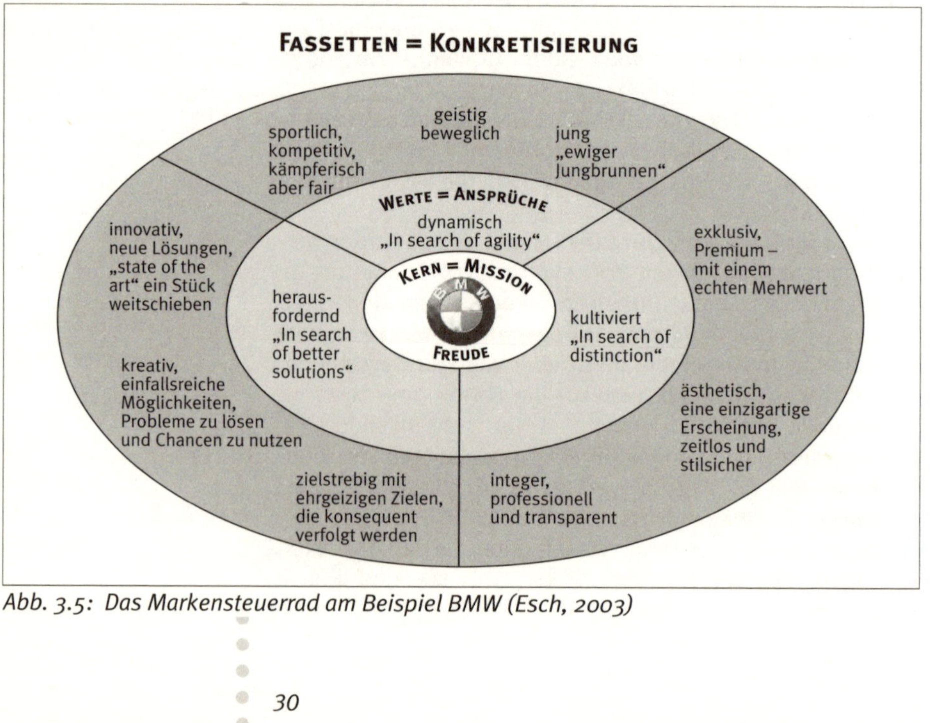

Abb. 3.5: Das Markensteuerrad am Beispiel BMW (Esch, 2003)

des Beratungsunternehmens BRAND ICON NAVIGATION nutzen. Dieses lässt sich ohne weiteres auf die Unternehmenspersönlichkeit übertragen:

Gleichermaßen Gehirn und Gefühl ansprechen

Demnach sollte die Unternehmenspersönlichkeit sowohl den Verstand (linke Gehirnhälfte) als auch die Gefühlswelt (rechte Gehirnhälfte) ansprechen (siehe Kap. 6.5.2):

- LINKE GEHIRNHÄLFTE: Kompetenz des Unternehmens (Wer bin ich?) sowie Nutzen und dessen Begründung (Was biete ich an?).
- RECHTE GEHIRNHÄLFTE: Tonalität (Wie bin ich?) sowie die Ikonographie (Wie trete ich auf?).

Die Kompetenz des Unternehmens betrifft zum Beispiel dessen Herkunft und Alter und bildet die Wurzeln der Unternehmenspersönlichkeit ab. Der Nutzen und die Begründungen beziehen sich auf Eigenschaften des Unternehmens sowie auf den konkreten Nutzen für die Bezugsgruppen. Die Tonalität reflektiert jene einzigartigen Gefühle, die untrennbar mit dem Unternehmen verbunden sind (siehe Kap. 6.5).

Dazu zählen Persönlichkeitsmerkmale, Beziehungen und Er-lebnisse. Die Ikonographie umfasst alle sichtbaren modalitätsspezifischen Eindrücke vom Unternehmen. Dies können sein visuelle, haptische, olfaktorische, akustische und gustatorische Eindrücke, die Architektur, Leistungen und die Kommunikation.

3.4 Eigenschaften

Kennzeichen starker Persönlichkeiten

Starke Persönlichkeiten entwickeln sich im Austausch mit dem Umfeld: Nur so erfahren die Bezugsgruppen, was das Unternehmen auszeichnet und einzigartig macht; nur so erfahren die Manager von den Wünschen und Erwartungen ihrer Bezugsgruppen.

Robinson konnte auf seiner einsamen Insel nicht herausfinden, was ihn kennzeichnet und einzigartig macht!

Für den Austausch gilt, so das Ergebnis von Studien:

JE INTENSIVER DER AUSTAUSCH, DESTO STÄRKER NÄHERN SICH SELBST- UND FREMDBILD AN!

Damit steigt auch das dem Unternehmen entgegengebrachte Vertrauen.

Wichtig ist, dass sich das Unternehmen zwar den Interessen, Erwartungen und Wünschen des Umfeldes anpassen sollte, aber es darf nicht seine Eigenständigkeit aufgeben: Disney ist eine Firma, die ihre konservativen Familienwerte auch dann behalten hat, als dies ziemlich unpopulär war. Heute zeigt sich, dass dies richtig und glaubwürdig war.

Dauer und Wandel

Ähnlich der Persönlichkeit des Menschen entwickelt sich auch die Unternehmenspersönlichkeit über längere Zeit. Und wie ein Mensch verfügt die Unternehmenspersönlichkeit über konstante und variable Merkmale: Die Konstanten bilden den Kern der Persönlichkeit, der den internen und externen Bezugsgruppen Halt und Orientierung gibt. Ändern sich die zentralen Werte, ändert sich die Unternehmenspersönlichkeit.

Für Ihr CIM müssen Sie daher über Durchhaltevermögen und Konsequenz verfügen!

Allerdings muss sich Ihre Unternehmenspersönlichkeit entwickeln, sonst bleibt sie stehen. Daher sollten Sie jene Variablen bestimmen, die sich im Zeitverlauf ändern, ohne den Kern Ihrer Unternehmenspersönlichkeit zu bedrohen. Wie diese Variablen ausgeprägt sind, hängt vom Unternehmen und seinem Umfeld ab: Modefirmen ändern sich schneller als eine Versicherung oder eine Bank. Für beide gilt:

Nur wer sich ändert, bleibt sich treu!

Abb. 3.6: Entwicklung des BMW-Logos

Ihr Unternehmen kann seinen Bezugsgruppen immer neue Geschichten erzählen, z.B. über seine Produkte, sein Wissen, seine Mitarbeiter, seine Zukunft. Hierdurch lernen die Bezugsgruppen Ihr Unternehmen und seine Fassetten kennen, was ein vielgestaltiges Vorstellungsbild entstehen lässt (siehe Kap. 6.4.3). Die Bezugsgruppen können das Unternehmen immer wieder anders bzw. neu erleben, was deren Bedürfnis nach Abwechslung entgegenkommt, in der Fachsprache Variety Seeking genannt. Jedoch sollten die Aussagen stets Ausdruck der gleichen, starken Unternehmenspersönlichkeit bleiben.

KEINE WIDERSPRÜCHE ODER BRÜCHE, DIE DAS VERTRAUEN SCHWÄCHEN KÖNNTEN!

Grundsatzentscheidungen und Anpassungsentscheidungen

Insgesamt sollten Sie also Grundsatzentscheidungen und Anpassungsentscheidungen treffen. Die Beachtung von Konstanten und Variablen ist zum Beispiel wichtig für das Internet, das zum einen eine klare Orientierung und Halt geben und zum anderen lebendig und flexibel sein muss.

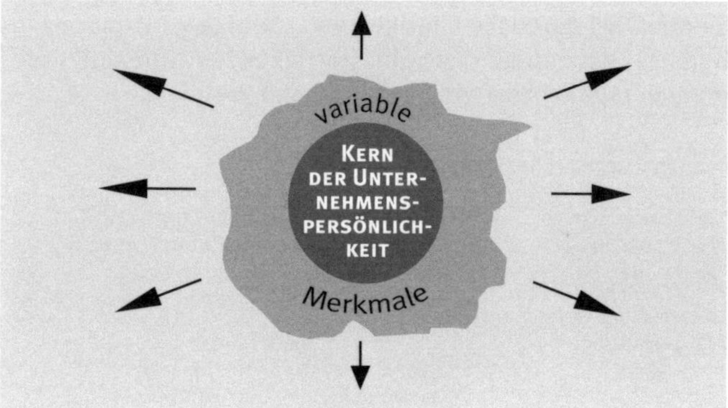

Abb. 3.7: Konstanten und Variablen der Unternehmenspersönlichkeit

Stimmige Persönlichkeit

Die Unternehmenspersönlichkeit muss widerspruchsfrei (konsistent) sein, damit die Bezugsgruppen diese stimmig entlang der gesamten Erlebniskette erfahren und ein starkes, klares Vorstellungsbild vom Unternehmen aufbauen können. Dies müssen viele Unternehmen erst noch lernen, denn oft unterscheiden sich Produkte, Verpackung, Rechnung, Firmenlogo und Website. Ist jedoch das Auftreten nicht aufeinander abgestimmt, können sich Widersprüche ergeben, die das Vertrauen in die Zuverlässigkeit stören (siehe Kap. 3.6).

Individualität zählt

Die Unternehmenspersönlichkeit ist einzigartig – man kann sie nicht kopieren! Viele Unternehmenspersönlichkeiten wirken gerade deshalb so schwach, weil sie keine Unterschiede zu anderen erkennen lassen.

Ein Beispiel: Das Motto eines Internetanbieters lautet: *„Auktionen & mehr"*. Es bleibt der Fantasie des Besuchers überlassen, was dieses Unternehmen mehr bietet als andere. Dies wäre zu vergleichen mit einem Stellenbewerber, der lediglich behauptet, er sei besser als die anderen Bewerber. Der Slogan *„Erfolgreiches Handeln im Internet"* besitzt zu wenig Eigenständigkeit, weil es für jegliches Handeln im Internet stehen könnte. In der Unternehmensdarstellung heißt es: *„Das einzigartige Handelsnetzwerk bietet Ihnen innovative technologische Lösungen und Services für den sicheren, einfachen und erfolgreichen Handel im Internet."* Auch diese Beschreibung ist zu generisch und austauschbar, weil sie für viele Unternehmen gelten könnte; zudem sind Begriffe wie „innovativ" durch die häufige und beliebige Verwendung inhaltsleer geworden. Fazit: Einzigartigkeit fehlt, die Unternehmenspersönlichkeit wirkt schwach und profillos.

SPANNUNGSFELDER DER UNTERNEHMENSPERSÖNLICHKEIT

- NÄHE UND DISTANZ: Die Unternehmenspersönlichkeit muss eigenständig sein, aber auch Nähe zu den Bezugsgruppen haben.
- DAUER UND WANDEL: Die Unternehmenspersönlichkeit muss Kontinuität vermitteln, aber sie muss sich auch entwickeln.
- KOLLEKTIVISMUS UND INDIVIDUALISMUS: Die Unternehmenspersönlichkeit muss an Werte der gesamten Bezugsgruppe appellieren, aber auch jeden Einzelnen zufrieden stellen.
- SICHERHEIT UND UNSICHERHEIT: Die Unternehmenspersönlichkeit muss Sicherheit durch Konstanz bieten, aber sie muss auch Neues bieten, damit sie nicht langweilig wird.

Abb. 3.8: Spannungsfelder bei der Gestaltung der Unternehmenspersönlichkeit

Vorsicht vor allzu konsequenter Kundenorientierung

Viele Unternehmen werden durch das falsch verstandene Postulat der konsequenten Ausrichtung auf ihre Bezugsgruppen zum Nachläufer von Moden, indem sie einzig den aktuellen

Wünschen der Bezugsgruppen entsprechen wollen. Die Gefahr ist jedoch, dass sie nach einiger Zeit nicht mehr wissen, wer sie eigentlich sind und was sie einzigartig gut und kompetent leisten können.

3.5 Identifikation

Gleiche Werte von Unternehmen und Bezugsgruppen

Die Kenntnis der Unternehmenspersönlichkeit ist Voraussetzung, dass sich die Bezugsgruppen mit dem Unternehmen und seinen Merkmalen identifizieren können: Die Bezugsgruppen werden nämlich jenem Unternehmen positiv gegenüber stehen, dessen Unternehmenspersönlichkeit der tatsächlichen oder der angestrebten Persönlichkeit der Bezugsgruppe entspricht. Das bedeutet, dass Menschen ein Unternehmen wie BODY SHOP deshalb unterstützen, weil dessen soziale Verantwortung dem Selbstbild des Verbrauchers am stärksten entspricht. Menschen können sich mit McDONALD's identifizieren, weil ihnen Spaß und Familienwerte wichtig sind. Der Träger des Sportschuhs von NIKE kann auf diese Weise selbst zum Sieger werden. Für die Gestaltung der Unternehmenspersönlichkeit folgt hieraus:

> *IHRE UNTERNEHMENSPERSÖNLICHKEIT SOLLTE MÖGLICHST STARK MIT DEM SELBSTIMAGE DER BEZUGSGRUPPEN ODER DEREN GEWÜNSCHTEM IMAGE ÜBEREINSTIMMEN!*

Schwache Personen identifizieren sich schneller

Forscher haben außerdem herausgefunden, dass Personen mit tendenziell schwacher Persönlichkeit sich eher mit einem Unternehmen identifizieren als Personen mit einer starken Persönlichkeit.

Die Identifikation ist jener Faktor, der die langfristige Bindung der Bezugsgruppen an das Unternehmen am besten erklären kann. Fehlt die Identifikation, zum Beispiel weil die Bezugsgruppen keinen Identifikationsanker haben, bleiben die Bindungen an das Unternehmen schwach. Oft ist dies sogar bei den eigenen Mitarbeitern zu finden.

3.6 Vertrauen

Zuverlässigkeit des Unternehmens

Zentraler Begriff für das CIM ist Vertrauen. Vertrauen bedeutet nach Rotter die *„Erwartung eines Individuums oder* *einer Gruppe, dass man sich auf das Wort, die Versprechen, die verbalen oder geschriebenen Aussagen anderer Individuen oder Gruppen verlassen kann.*" Dies setzt voraus, dass jemand das Unternehmen kennt und möglichst schon gute Erfahrungen mit ihm gemacht haben sollte. Wie es der Marketingexperte Heribert Meffert ausdrückt:

„Man vertraut nur dem, den man kennt."

Vertrauen zum Unternehmen ist für die Bezugsgruppen deshalb so wichtig, weil sich für sie das wahrgenommene Risiko verringert, vom Unternehmen und seinen Leistungen enttäuscht zu werden.

Vertrauen spart Geld

Vertrauen hat auch eine ökonomische Seite: Durch Vertrauen spart der Konsument jene Kosten, die er für das Verringern des Risikos ausgegeben hätte, zum Beispiel Informationskosten für die Suche nach geeigneten, zuverlässigen Anbietern oder finanzielle Reserven zum Abdecken von Risiken (Versicherung).

Vertrauenswürdig kann aber nur jener sein, der ein klares Bild von sich hat und dieses Bild widerspruchsfrei und glaubwürdig vermittelt. Der Soziologe Niklas Luhmann spricht von *„Sicherheit der sozialen Selbstdarstellung"* und meint damit, wie gut es Personen oder Sozialsystemen gelingt, *„ein konsistentes Bild von sich selbst zu entwerfen und zu sozialer Geltung zu bringen"*. Andersherum: Vertrauen kann man nur jenem Unternehmen, das eine Persönlichkeit besitzt.

Unternehmenspersönlichkeit und Vertrauen hängen eng zusammen!

Vertrauen spielt eine herausragende Rolle

In einigen Branchen spielt Vertrauen eine herausragende Rolle, zum Beispiel in der Technologiebranche:

- Die Innovationsflut erfordert es, sich durch einen starken und prägnanten Unternehmensauftritt aus der Masse hervorzuheben und die Vorteile der Leistungen glaubwürdig zu vermitteln.
- Einige Leistungen sind erklärungsbedürftig (elektronische Bauteile), sie sind nicht sichtbar (zum Beispiel Energie) oder deren Erstellung ist direkt an Menschen gebunden (zum Beispiel Beratung). In diesen Fällen nehmen

die Marktpartner ein höheres Risiko wahr *(„Wird die Beratung oder die Software meine Probleme lösen?“).*

- DIE PRODUKTE ÄNDERN SICH SCHNELL, wie im Fall von Software. Das Prüfen jeder Neuversion vor dem Kauf ist ökonomisch nicht sinnvoll.

Eine guter Name kann Sicherheit bieten und das wahrgenommene Risiko verringern, vom Anbieter enttäuscht zu werden: INTEL hat es vorgemacht *(Intel inside)*, IBM folgt mit dem Hinweis auf IBM TECHNOLOGY, der auf Personal Digital Assistant (PDAs, zum Beispiel PALM), Handys, Set-Top-Boxen, Digitalkameras und Spielsystemen klebt.

Ein guter Name bietet Sicherheit

Vertrauen ist auch bei Dienstleistungsunternehmen essenziell. Die ALLIANZ-Gruppe wendet sich daher mit der Botschaft an ihre Kunden, deren Vertrauen nicht zu enttäuschen. In TV-Spots und Anzeigen präsentieren sich die Einzelmarken DRESDNER BANK, ALLIANZ, ADVANCE, ALLIANZ DRESDNER BAUSPAREN und DIT gemeinsam unter dem Dachmotto *„Allianz Group. Ein Team, ein Versprechen: Ihr Erfolg“.*

Vertrauen ist bei Dienstleistungsunternehmen essenziell

Vertrauen bindet

Vertrauen ist die Voraussetzung für dauerhafte Beziehungen. Auch bei Unternehmen gilt:

Vertrauen ist wichtig für dauerhafte Beziehungen

> *„NUR WEM MAN VERTRAUEN KANN, DEM BLEIBT MAN TREU.“*
> *(MEFFERT)*

Je intensiver sich ein Unternehmen mit seinen Bezugsgruppen austauscht, desto stärker wächst das dem Unternehmen entgegengebrachte Vertrauen – dies haben Studien herausgefunden. Dies lässt sich damit erklären, dass sich Selbstbild und Fremdbild annähern und im Idealfall übereinstimmen.

In Bezug auf Vertrauen sollten Sie zwei Aspekte beachten:

Bekanntheit und Zufriedenheit bedeuten noch keine Treue

- AUCH WENN MENSCHEN MIT EINEM UNTERNEHMEN ZUFRIEDEN SIND, MÜSSEN SIE IHM NICHT TREU SEIN: Grund dafür ist ein Phänomen, das in der Fachsprache als „Variety Seeking“ bezeichnet wird. Mit diesem Begriff wird das Bedürfnis des Konsumenten nach Abwechslung bezeichnet, obwohl er mit dem Unternehmen bzw. der Marke zufrieden ist.

Um dieses Bedürfnis zu befriedigen und seine Bezugsgruppen trotzdem zu halten, muss sich das Unternehmen immer neu inszenieren, damit die Bezugsgruppen vom Unternehmen nicht gelangweilt sind. Eine Möglichkeit ist, dass Sie wechselnde Geschichten über das Unternehmen und seine Leistungen erzählen, die faszinieren und die Bezugsgruppen damit halten (siehe Kap. 10.5).

- BEKANNTHEIT BEDEUTET NICHT GLEICHZEITIG VERTRAUEN: Eine Studie fand heraus, dass zwar 84 Prozent aller Befragten LASTMINUTE.COM kannten, aber nur 17 Prozent diesem Unternehmen vertrauten.
  Die Menschen verschenken ihr Vertrauen nicht gutwillig, das Unternehmen muss es sich verdienen und das Leistungsversprechen immer wieder unter Beweis stellen. *„Vertrauen kann man nicht kommunizieren, man muss es sich verdienen“*, so drückt es Prof. Rajiv Lal von der Harvard Universität aus.

Wie Vertrauen entsteht

Folgende Aspekte können Vertrauen in das Unternehmen festigen:

WAS VERTRAUEN SCHAFFT	KONSEQUENZEN FÜR IHR CIM
Vertrauen kann durch eigene Erfahrungen entstehen, durch Gebrauch oder Verbrauch von Leistungen.	Sie sollten Ihren Bezugsgruppen ermöglichen, eigene Erfahrungen mit dem Unternehmen und seinen Leistungen zu sammeln, zum Beispiel durch Produktproben und auf Messen.
Die Bezugsgruppe hat die Leistungen des Unternehmens bei anderen Personen beobachtet oder ist durch persönliche Kommunikation darüber informiert.	Sie sollten intensiven Austausch innerhalb (!) der Bezugsgruppen ermöglichen, zum Beispiel auf Events oder in Internet-Foren.
Vertrauen entsteht durch direkte Kommunikation des Unternehmens mit seinen Bezugsgruppen.	Ermöglichen Sie Dialog. Verdeutlichen Sie, wer hinter dem Unternehmen steht und wer wartet, auf die Wünsche der Bezugsgruppen einzugehen.
Vertrauen entsteht durch Berechenbarkeit, durch Stabilität und Kontinuität.	Sie sollten Ihre starke und einzigartige Unternehmenspersönlichkeit durch Ihr gesamtes Auftreten vermitteln, also Design, Kommunikation und Verhalten: Die Unternehmenspersönlichkeit sollte Merkmale umfassen, die dauerhaft sind.

Vertrauen entsteht durch Selbstbindung des Anbieters: Dieser muss glaubhaft signalisieren, dass er von seinen Leistungen überzeugt ist und sich dauerhaft engagieren will.	Sie sollten in einem Leitbild verbindlich darstellen und erläutern, was das Denken und Handeln Ihres Unternehmens bestimmt (siehe Kap. 2). Das Unternehmen kann Beweise für diese Überzeugungen anbieten, zum Beispiel auf der Website.
Vertrauen entsteht durch Sicherheit: Kontrollen und Gütesiegel des Staates und anderer Institutionen.	Sie sollten Testurteile, Referenzen, Expertenmeinungen und Auszeichnungen darstellen. Das Internet bietet hierfür einzigartige Möglichkeiten durch seine Hypermedialität.

Abb. 3.9: Was Vertrauen fördert

Vertrauen und Kompetenz

Kompetenz als Grundlage für Vertrauen

Die Kompetenz (Fachkunde) des Unternehmens ist die Basis für seine Vertrauenswürdigkeit: Die Bezugsgruppe kann sich darauf verlassen, dass das Unternehmen fähig und bereit zur Leistung ist. Das Unternehmen gibt hierzu ein überzeugendes Leistungsversprechen ab, das es einhalten muss, damit es seine Bezugsgruppen als verlässlich wahrnehmen. Dieses Leistungsversprechen sollte schriftlich im Unternehmensleitbild fixiert sein (siehe Kap. 6.2), damit sich alle Unternehmensfunktionen an seiner Umsetzung beteiligen.

Kompetenz lebendig und anschaulich

Wichtig ist, seine Kompetenz den Bezugsgruppen lebendig und deutlich wahrnehmbar zu vermitteln: Es reicht nicht aus, zu sagen, man sei kompetent, weil dies ungenau ist und jeder behauptet!

Stattdessen sollte das Unternehmen seinen Nutzen lebendig und deutlich wahrnehmbar vermitteln:
- Wie zeigt sich seine Kundenorientierung?
- Geht das Unternehmen auf Sonderwünsche ein?
- Beantwortet es Kundenanfragen schnell und zuverlässig?
- Fertigt es individuelle Produkte an?

All dies kann Kundenorientierung bedeuten.

> *DIE LEISTUNG DES UNTERNEHMENS SOLLTE BEDEUTSAM SEIN, DEUTLICH WAHRNEHMBAR UND SIE SOLLTE AUF DEN KERNKOMPETENZEN DES UNTERNEHMENS BERUHEN!*

4 Ziele des Corporate Identity Managements

4.1 Ziele nach innen

Ein wesentlicher Grund für die Bedeutung des CIM ist, dass es Produktivität und Leistung der Mitarbeiter steigern soll.

Mehr Leistung durch Motivation

Das wird so erklärt:

- Gemeinsames Ziel: Alle Mitarbeiter arbeiten auf ein gemeinsames (Unternehmens-)Ziel hin. Dies verbessert die Unternehmensführung.
- Transparenz: Durch gemeinsame Vereinbarungen werden Prozesse und Strukturen transparent und begreifbar. Mitarbeiter wissen, was von ihnen erwartet wird und können ihr Verhalten den Wünschen des Managements anpassen.
- Synergien werden möglich: Dies funktioniert nach dem Prinzip: 1 + 1 = 11. Zum Beispiel kann im Rahmen der Kommunikation die Werbung glaubwürdiger werden, wenn bereits durch Öffentlichkeitsarbeit Vertrauen und Akzeptanz aufgebaut sind.
- Kosten sinken: Durch einheitliche Gestaltungsrichtlinien für Anzeigen, Prospekte und Geschäftsdrucksachen können die Entwurfs- und Produktionskosten sinken, da individuelle Neuentwürfe unnötig werden.

Zustimmung zum gemeinsamen Handeln

Das wichtigste Ziel für viele Unternehmen ist: CIM soll bei den Mitarbeitern ein starkes und einzigartiges Vorstellungsbild vom Unternehmen erzeugen, mit dem sich die Mitarbeiter identifizieren können. Das entstehende „Wir-Gefühl" steigert die Arbeitszufriedenheit und damit Motivation und Leistung. Corporate Identity strebt die Zustimmung der Mitarbeiter zu einem gemeinsamen Handeln mit vereinbarten Werten und Spielregeln auf der Grundlage eines Selbstverständnisses an, das die Einstellungen, Wünsche und Erwartungen der Mitarbeiter berücksichtigt hat.

Mehr Spielräume für die Mitarbeiter

Das Berücksichtigen der Wünsche und Erwartungen der Mitarbeiter wird immer wichtiger: Mitarbeiter sind emanzipierter, wollen stärker einbezogen werden und größere Handlungsspielräume nutzen. Bietet die berufliche Tätigkeit keine persönliche Entfaltung und Spaß, ziehen sich die Mitarbeiter stärker in den privaten Bereich zurück. Werden Hochschulabsolventen nach ihren Erwartungen an eine Tätigkeit befragt, stehen „herausfordernde Tätigkeit", „individuelles Arbeiten", „Aus- und Weiterbildung" sowie „Führung durch Mitwirkung bzw. moderne Führung" an oberster Stelle. Ein attraktives Gehalt oder viel Freizeit werden erst an siebter und achter Stelle genannt.

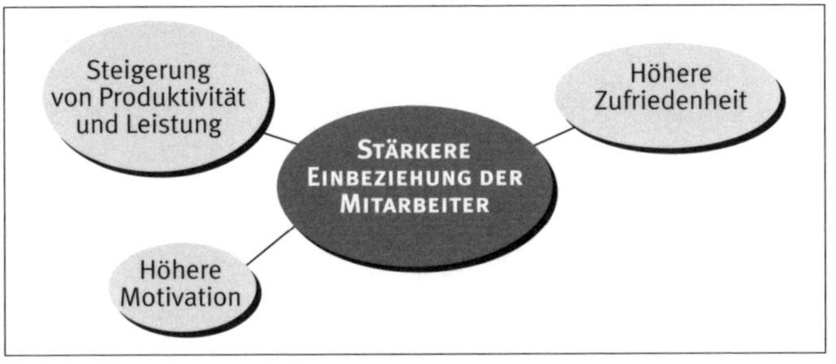

Abb. 4.1: Zusammenhang zwischen Arbeitszufriedenheit und Leistung

Firmenchefs sind sich über die Bedeutung einig

Dr. Hans-Jochen Heinrich, Vorsitzender der Geschäftsleitung von LEVER SUNLICHT, schrieb in der Hauszeitschrift SUNLICHTER anlässlich der Vorstellung und Einführung der CI schon im Juli 1971: „*Wie möchten wir sein? Modern, unkompliziert und unbürokratisch. Eine Firma, in die man gern geht, wo man gerne arbeitet. Mit der man sich identifizieren will und kann. Weil sie erfolgreich ist, weil sie jeden Mitarbeiter respektiert, keinen gängelt, niemanden triezt. Wo man den Einzelnen wirklich mitarbeiten, mitgestalten lässt, wo er Verantwortung tragen darf...*".

Die Praxis sieht häufig anders aus

Das klingt schön und gut, aber die Praxis sieht vielerorts anders aus: Viele Studien zeigen, dass sich Bemühungen, die Mitarbeiter in die Meinungsbildung im Unternehmen einzubeziehen, nur ansatzweise erkennen lassen.

DAS EINBEZIEHEN DER MITARBEITER UND DAS NUTZEN IHRER KENNTNISSE UND POTENZIALE STELLT EINE DER GRÖSSTEN HERAUSFORDERUNGEN AN DIE UNTERNEHMENSFÜHRUNG UND AUCH AN DAS CORPORATE IDENTITY MANAGEMENT DAR!

4.2 Ziele nach außen

Corporate Identity Management gestaltet Corporate Image

Ziel der Corporate Identity nach außen ist die Profilierung des Unternehmens, um den steigenden Anforderungen aus Markt und Gesellschaft zu begegnen:

CIM soll in den Augen der wichtigen Bezugsgruppen ein Abbild der angestrebten Unternehmenspersönlichkeit entstehen lassen: das Corporate Image (siehe Kap. 6.4). Dieses eindeutige, konsistente und widerspruchsfreie Vorstellungsbild vom Unternehmen ist Basis, damit sich Glaubwürdigkeit, Sicherheit und Vertrauen entwickeln können (siehe Kap. 3.6).

Das unverwechselbare, charakteristische Image ermöglicht dem Unternehmen und seinen Produkten, aus der Anonymität und der Informationsflut herauszutreten und erkennbar zu werden. Identifikation und Vertrauen stabilisieren das Verhältnis des Unternehmens mit seinen Bezugsgruppen und ermöglichen, dass diese Bezugsgruppen die Unternehmensziele unterstützen (siehe Kap. 3.6).

Abb. 4.2: Imagekampagne der BERLINER STADTREINIGUNG *(BSR)*

Das Beispiel der Berliner Stadtreinigung BSR zeigt, wie eine Imagekampagne sowohl interne als auch externe Wirkung erzielen kann. Mit der Kampagne, die eigentlich für die Berliner Bevölkerung gedacht war, konnten sich auch die Mitarbeiterinnen und Mitarbeiter der BSR identifizieren. Die Kampagne geriet zum überragenden Erfolg.

Interne und externe Wirkungen können zusammenhängen

5 Corporate Identity Management und Unternehmenswert

CIM ist wertvoll

Die starke Unternehmenspersönlichkeit hat einen hohen Wert: Der Konzern Philip Morris zahlte für das Unternehmen Kraft, mit Marken wie Philadelphia, Miracel Whip, Scheibletten das Vierfache von dessen Nettovermögen. Nestlé übernahm Rowntree samt Smarties, KitKat, After Eight, Rolo, Quality Street zum fünffachen Buchwert. Firmen wie Yahoo und eBay haben kaum Eigenkapital und so gut wie kein Anlagevermögen, jedoch eine Börsenkapitalisierung in Milliardenhöhe.

Philadelphia-Engel von Kraft

Der Marktpreis eines an der Börse notierten Unternehmens ergibt sich aus der Multiplikation des Aktienkurses mit der Zahl der ausgegebenen Aktien. Interbrand ermittelt regelmäßig den Börsenwert von Unternehmen: Für Microsoft beträgt er gegenwärtig rund 65 Milliarden Dollar, für IBM 52 Milliarden und für General Electric 42 Milliarden Dollar. Was den Wert dieser Unternehmen ausmacht, ist die Stärke der Unternehmenspersönlichkeit.

Der Unternehmenswert ergibt sich daraus, dass jemand aufgrund seiner Vorstellungen vom Unternehmen dieses einem anderen Unternehmen vorzieht: Welchen Betrag ist der Kunde bereit, für die Unternehmensberatung von Roland Berger mehr zu zahlen als für die einer anderen Beratungsgesellschaft? Zieht der qualifizierte Stellensuchende ein bestimmtes Unternehmen aufgrund seines Vorstellungsbildes einem anderen vor? Diese Bereitschaft lässt sich messen.

Der Wert der Unternehmenspersönlichkeit liegt nicht im Unternehmen, sondern in den Köpfen der Bezugsgruppen!

Vorteile des hohen Unternehmenswertes

Vorteile des hohen Unternehmenswertes:

- Die Bezugsgruppen sind bereit, einen HÖHEREN PREIS FÜR DIE LEISTUNGEN DES UNTERNEHMENS zu zahlen, wie im Fall der Unternehmensberatung von ROLAND BERGER.
- Die Bezugsgruppen bringen einem Unternehmen mit starker Unternehmenspersönlichkeit MEHR SYMPATHIE UND STÄRKERE TREUE entgegen. Hierdurch kann der Anbieter dauerhaft höhere Erträge erzielen.
- Die STARKE BINDUNG ZUM UNTERNEHMEN VERRINGERT KOSTEN, denn es ist billiger, Kunden zu halten als Neukunden zu gewinnen. Studien belegen, dass der durch den Verlust loyaler Kunden entstehende Schaden bis zu siebenmal so hoch ist, wie die Kosten für das Gewinnen neuer Kunden. Eine Faustregel lautet, dass etwa 80 Prozent des Umsatzes mit 20 Prozent der Kunden erzielt werden (80 : 20-Regel).
- Die starke Unternehmenspersönlichkeit STÄRKT DIE WETTBEWERBSPOSITION, da sie eine Barriere darstellt, die Konkurrenten durch kostspielige Angriffe überwinden müssen.
- Unternehmen mit hohem Wert haben MEHR POTENZIAL FÜR ERWEITERUNGEN auf andere Unternehmen und Leistungen.
- Die STARKE UNTERNEHMENSPERSÖNLICHKEIT WIRKT AUCH NACH INNEN: Sie ermöglicht, dass sich die Mitarbeiter mit dem Unternehmen identifizieren und ihm ihre Leistung voll zur Verfügung stellen.

Mehr Wert durch starke Persönlichkeiten

Der Düsseldorfer CI-Experte Dieter Heinrich berichtet in seinem Buch *„Profit durch Profil“* von einer Untersuchung, die zwischen 1980 und 1988 stattfand und belegte, dass der Aktienkurs von Unternehmen mit identitätsorientierter Unternehmensführung um 122 Prozent gestiegen war, der Aktienkurs von Unternehmen ohne gesteuerte Identität dagegen nur um 63 Prozent.

Die Kenntnis der Unternehmenspersönlichkeit spielt für das Steigern des Unternehmenswertes die wesentliche Rolle: Sie gibt Auskunft darüber, welchen Nutzen das Unternehmen seinen Bezugsgruppen bietet, wie sich der Anbieter gegen Angriffe von Wettbewerbern verteidigen kann und auf welche neuen Unternehmensteile er den Nutzen übertragen kann, ohne die Unternehmenspersönlichkeit zu verwässern.

DAS CORPORATE IDENTITY MANAGEMENT STEIGERT DEN UNTERNEHMENSWERT, INDEM ES DAZU BEITRÄGT, DAS UNTERNEHMEN BEKANNTER ZU MACHEN UND SEIN IMAGE GEZIELT ZU ENTWICKELN!

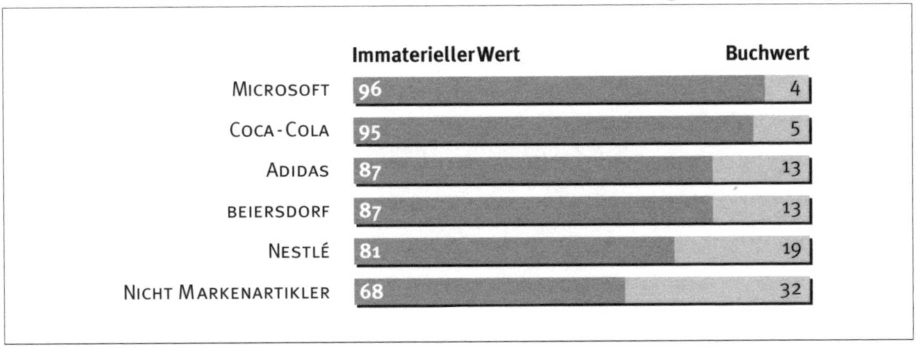

Abb. 5.1: Bedeutung von immateriellen Faktoren für den Börsenwert (DATASTREAM, MCKINSEY-RESEARCH)

Starke Kategorieführer

Besonders stark sind jene Unternehmen, die die Leitfunktion in ihrer Kategorie erkämpft haben, wie zum Beispiel die ALLIANZ für Versicherungen, OTTO im Versandhandel und AMAZON im Internet-Buchhandel. Künftig wird es überlebenswichtig sein, zu diesen Marktführern zu gehören, da Konsumenten nur jeweils ein bis zwei Angebote pro Kategorie in die enge Auswahl, ihr „Relevant Set“, ziehen werden.

BEIM AUFBAU UND DER PFLEGE DER UNTERNEHMENSPERSÖNLICHKEIT HANDELT ES SICH UM EINE LANGFRISTIGE INVESTITION!

Fazit

Der Blick auf die Argumente für und wider CIM zeigt: Ein Unternehmen sollte sich gründlich mit den Argumenten auseinander setzen, bevor es vorschnell auf sein Potenzial verzichtet (siehe auch die Argumente und Gegenargumente im Serviceteil).

6 Bestandteile des Corporate Identity Managements

Die vier Elemente des CIM-Prozesses

Das Gestalten der Unternehmenspersönlichkeit umfasst vier Elemente:
1. Kultur
2. Leitbild
3. Instrumente
4. Image.

Diese Elemente sind eng verknüpft und beeinflussen sich gegenseitig.

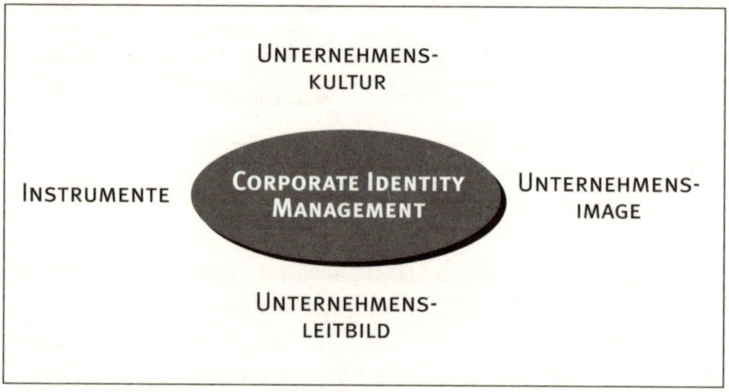

Abb. 6.1: Die vier Elemente des Corporate Identity Managements

6.1 Unternehmenskultur

Wünschenswertes

Grundlage der Unternehmenspersönlichkeit ist die Unternehmenskultur. Der Begriff Kultur steht für das, was im Unternehmen wichtig und wünschenswert ist:
- Dauer oder Wandel?
- Einzelkämpfertum oder Gemeinschaft?
- Nähe oder Distanz?
- Gleichberechtigte oder einseitige Beziehungen?
- Innovation oder Kostenorientierung?
- Vergangenheit oder Zukunft?

Unternehmenskultur zeigt sich im Denken und Handeln aller Mitarbeiter, zum Beispiel:
- wie das Unternehmen mit seinen Bezugsgruppen redet,

- ob das Unternehmen auf die Wünsche und Erwartungen seiner Bezugsgruppen eingeht,
- ob die Mitarbeiter rechtzeitig und umfassend informiert sind,
- wie es mit Konflikten und Kritik umgeht,
- ob es Tabuthemen gibt,
- wie Versammlungen ablaufen,
- wie der Briefstil des Hauses ist,
- wie die Gerüchteküche funktioniert,
- wie sich die Telefonistinnen und Sekretärinnen verhalten.

Durch seine Kultur ist jedes Unternehmen einzigartig

Durch seine Kultur ist jedes Unternehmen einzigartig, denn in jedem Unternehmen arbeiten unterschiedliche Menschen mit unterschiedlichen Erfahrungen und unterschiedlichen Persönlichkeiten.

Die Gestaltung der Unternehmenspersönlichkeit sollte dies berücksichtigen:

ERKENNEN UND FÖRDERN SIE DIE EINZIGARTIGKEIT IHRES UNTERNEHMENS!

Sind die Unternehmenswerte für die Bezugsgruppen attraktiv, können diese sich mit dem Unternehmen identifizieren. Sie setzen sich für dessen Ziele ein, weil es über die gleichen Werte verfügt wie sie selbst oder über Werte, die sie gern hätten (Selbstimage, Idealimage).

Kultur macht verlässlich

Kultur macht verlässlich: Mitarbeiter, Kunden, Lieferanten und andere Bezugsgruppen können auf das künftige Verhalten des Unternehmens schließen.

Werte durch Firmengründer geprägt

Oft hat der Firmengründer solche Werte und Normen vor dem Hintergrund der jeweiligen Zeit und der Situation seines Unternehmens geprägt (siehe Kap. 3.1).

Die Unternehmenskultur kann maßgeblich dadurch bestimmt sein, dass sie aus einer bestimmten National- oder Regionalkultur heraus entstanden ist, zum Beispiel die „deutsche Gründlichkeit" im Fall der LUFTHANSA. Im Lauf der Jahre bewährt sie sich, sie gilt als selbstverständlich und wird an neue Mitarbeiter weitergegeben. Jeder weiß, was wichtig ist, was zählt, was verpönt ist und Sanktionen auslöst. Werte und Normen werden so zum Allgemeingut und stabilisieren das Unternehmen.

EINE UNTERNEHMENSKULTUR IST IMMER VORHANDEN. ES IST NICHT MÖGLICH, DASS ES KEINE UNTERNEHMENSKULTUR GIBT!

Mitarbeiter leben die Werte

Die Unternehmenskultur ist durch die Mitarbeiter geprägt, wie im Fall der DEUTSCHEN BANK und BMW. Stimmen die Mitarbeiter den Unternehmenswerten zu, zum Beispiel dessen Kundenorientierung, kann dies die Motivation und Bereitschaft der Mitarbeiter erhöhen, sich für das Unternehmen einzusetzen, weil sie einen Beitrag zum Erreichen des Gewünschten leisten wollen (siehe Kap. 4.1). Unternehmerische Werte wirken auch nach außen: Kunden, Lieferanten und die Bevölkerung können auf das künftige Unternehmensverhalten schließen (siehe Kap. 4.2).

Stärken der Vergangenheit können Schwächen der Zukunft sein

Probleme starker Kulturen

Eine starke Kultur wird zum Problem, wenn sie eines Tages nicht mehr zeitgemäß ist und sich nur langsam entwickelt – zu langsam für viele heutige Anforderungen. Konflikte sind die Folge, wie folgende Beispiele aus der innerbetrieblichen Kommunikation zeigen:

- Hat die Unternehmensleitung früher nur den eigenen Standpunkt dargestellt, soll sie heute Gegenargumente einbeziehen und hierzu kritische Stellung beziehen.
- Haben die Vorgesetzten bislang Anweisungen erteilt, sollen sie heute Prozesse begleiten, offen und aktiv informieren.
- Hat ein Vorgesetzter früher nur über das informiert, was der Arbeiter brauchte, um seine Tätigkeit korrekt auszuführen, soll er heute über alles informieren, was den Mitarbeiter interessiert – zum Beispiel auch das Verhalten der Konkurrenz.
- Die Mitarbeiter sollen plötzlich aktiv werden, sie sollen sich an der Kommunikation beteiligen, Vorschläge machen und Ideen beisteuern. Das kennen sie so nicht.

Solche Herausforderungen muss ein Unternehmen bewältigen, denn die Dynamik des Umfeldes zwingt die Firmen zu Erneuerung, Flexibilität und ausgeprägter Kundenorientierung – und dies ist vielerorts nur mit einer tief greifenden Veränderung der Kommunikationskultur durch einen systematischen Wandel möglich.

VERÄNDERUNGEN SCHEITERN OFT NICHT AN DEN SCHWÄCHEN VON UNTERNEHMEN, SONDERN AN DEREN STÄRKEN!

6.1.1 Modelle

Kriterien nach Hofstede

Der Kulturexperte Geert Hofstede nennt fünf Kriterien, anhand derer sich Kulturen unterscheiden lassen:

- MACHTDISTANZ: Wie ausgeprägt ist die Hierarchie? Wie groß sind die Gehaltsunterschiede? Welche Rolle spielen Statussymbole etc.?
- UNSICHERHEITSVERMEIDUNG: Wie hoch ist der Bedarf an formalen Regeln? Werden Fehler zugelassen, weil sie für den Fortschritt wichtig sind?
- KOLLEKTIVISMUS VERSUS INDIVIDUALISMUS: Welche Bedeutung haben Gruppeninteressen, welche Einzelinteressen? Sieht sich das Unternehmen als Teil eines Systems, zum Beispiel der Gesellschaft, oder sieht es nur seinen eigenen Standpunkt?
- MASKULINITÄT VERSUS FEMININITÄT: Was bedeutet es, in einer Kultur als Mann oder als Frau zu leben? Ist das Unternehmen sachlich-rational oder emotional? Ist es eher analytisch oder eher gestalterisch kreativ?
- VORAUSSCHAUENDES HANDELN VERSUS AKTIONISMUS: Gestaltet das Unternehmen seine Zukunft aktiv und vorausschauend oder lebt es in den Tag hinein und reagiert nur auf Veränderungen? Ist seine Kommunikation langfristig geplant oder besteht sie aus kurzfristigen Aktionen?

Diese Aspekte der Unternehmenskultur kennzeichnen maßgeblich das gemeinsame Selbstverständnis: Die Machtdistanz bestimmt darüber, ob nur die Position des Unternehmens zählt oder ob es auch auf die Wünsche und Erwartungen seiner internen und externen Bezugsgruppen eingeht. Die Unsicherheitsvermeidung entscheidet darüber, was im Unternehmen geregelt abläuft und ob Fehler erlaubt sind. Individualismus zeigt sich im fehlenden Bewusstsein für gemeinsame Ziele.

Wen wundert es angesichts solcher Ergebnisse, wenn sich Gruppenarbeit und Projektarbeit aus japanischen Unternehmen nicht einfach in deutsche Unternehmen überführen lassen? Zählt dort das Gesamtergebnis des Kollektivs, zählt hier das Einzelergebnis. Und wen wundert es, dass die meisten Unternehmensauftritte im Internet von den Internetnutzern wenig akzeptiert werden, weil ihnen der Gemeinschaftsgedanke fehlt, der das Internet kennzeichnet?

PRÜFEN SIE IHRE KULTUR, DENN SIE ENTSCHEIDET DARÜBER, WIE SICH IHR UNTERNEHMEN DARSTELLT UND WIE ES HANDELT!

Psychologie der Angst

Kriterien nach Riemann

Eine weitere Systematik stammt von dem Psychologen Fritz Riemann. In seinem Buch „Psychologie der Angst" hat er beschrieben, dass es in jedem Menschen ein Spannungsfeld zweier Antipoden gibt: Dauer und Wandel sowie Nähe und Distanz. Da Unternehmen aus Menschen bestehen, sind diese Kriterien folglich auch auf sie anwendbar:

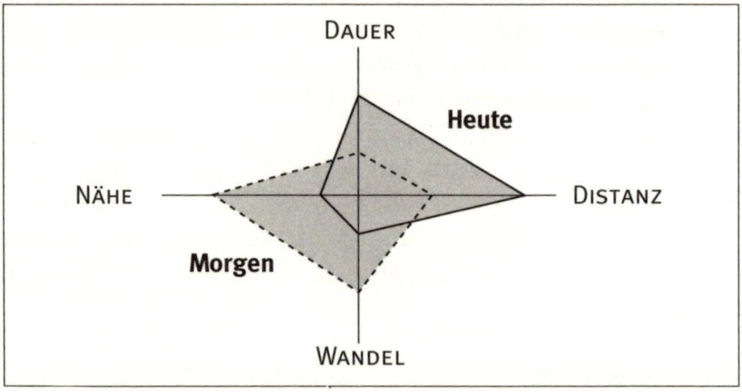

Abb. 6.2: Spannungsfelder in der Unternehmenskultur

- DAUER: Das Unternehmen setzt auf Beständigkeit *(„Das haben wir schon immer so gemacht")*, die Mitarbeiter sind lange Jahre im Unternehmen beschäftigt, bevor sie aufsteigen können.
- WANDEL: Das Unternehmen ist flexibel. Es greift neue Trends aus dem Markt auf und setzt sie zügig in neue

Produkte um. Die Mitarbeiter wechseln häufiger ihren Arbeitsplatz und sie können sich umfassend weiterbilden, ihre Entwicklung wird gefördert.

- NÄHE: Die Mitarbeiter duzen sich, auch den Chef. Es wird Wert auf ein familiäres Miteinander gelegt. Man greift sich gegenseitig unter die Arme, wenn es eng wird. Der Vorgesetzte ist eher Coach. Man steht im engen Kontakt mit seinen Kunden und anderen wichtigen Bezugsgruppen.
- DISTANZ: Man siezt sich, es besteht eine Kluft zwischen Vorgesetzten und Mitarbeitern. Man mischt sich nicht ein, sondern hütet sorgsam sein Arbeitsgebiet vor Einblick und Eingriffen anderer. Der Vorgesetzte ist gewissermaßen Befehlshaber.

Derzeit findet eine gravierende Entwicklung in Unternehmen statt: Nicht mehr Dauer und Distanz sind wichtig, sondern Wandel und Nähe. Das CIM sollte diese Entwicklungen berücksichtigen, da sie maßgeblich die Beziehung zu den Bezugsgruppen beeinflussen.

OFFIZIELLE SPIELREGELN	HEIMLICHE SPIELREGELN
Arbeite kooperativ!	Zeige Ellenbogen!
Äußere deine Meinung!	... solange sie nicht von der des Chefs abweicht.
Äußere offen Kritik!	Kritisiere niemals deinen Chef!
Der Mensch steht im Mittelpunkt!	Das System hat immer Recht!
Sei offen und ehrlich!	Sei clever und smart!
Stelle dich der Kritik!	Kritik ist unbequem!
Baue Brücken!	Grenze dich ab!
Zeige Neugier, stelle Fragen!	Besserwisserei kommt weiter!
Stelle Bestehendes infrage!	Halte fest, was du hast!
Zeige Initiative!	Sei solide!
Zeige Kreativität und Flexibilität!	Sei stabil!
Orientiere dich am Team!	Orientiere dich an Regeln!
Sei mobil!	Sei bodenständig!
Toleriere Fehler!	Sei zuverlässig und seriös!
Zeige Verantwortungsfreude!	Sei pflichtbewusst!

Abb. 6.3: Offizielle und heimliche Spielregeln

6.1.2 Heimliche Spielregeln

Was wirklich zählt

Eine besondere Rolle in der Kultur spielen heimliche Spielregeln. Der Unternehmensberater Scott-Morgan beschreibt sie in seinem gleichnamigen Buch. Diese „un-heimlichen" Spielregeln prägen oft entscheidend das Verhalten und müssen deshalb sorgsam aufgedeckt werden.

Gelingt dies nicht, bleiben Probleme unerkannt und schlagen sich negativ auf die Kommunikation nieder. Abbildung 6.3 (Seite 51) zeigt einige un-heimliche Spielregeln auf.

CIM erkennt die derzeit gelebte Unternehmenskultur, gleicht sie mit den Anforderungen der Belegschaft und des Umfeldes ab und entwickelt hieraus ein auf die Zukunft gerichtetes gemeinsames Selbstverständnis über die Unternehmenspersönlichkeit, das im Leitbild formuliert und verbindlich niedergeschrieben ist.

6.2 Unternehmensleitbild

Modell der Zukunft

Das Gestalten der Unternehmenspersönlichkeit setzt voraus, dass die Verantwortlichen konkret formulieren, wie sich die Unternehmenspersönlichkeit entwickeln soll und wie die Bezugsgruppen die Unternehmenspersönlichkeit sehen sollen.

Vision des angestrebten Selbstverständnisses

Ein Leitbild – auch Unternehmensphilosophie, Vision oder Mission genannt – formuliert das angestrebte Selbstverständnis über die Unternehmenspersönlichkeit. Basis sind die gelebte Unternehmenskultur sowie Wünsche und Erwartungen der Belegschaft und externen Bezugsgruppen (siehe Kap. 6.1).

Das Leitbild bildet die Grundlage, an der alle an der Gestaltung Beteiligten ihre Entscheidungen und ihr Handeln langfristig und koordiniert ausrichten können.

BESCHREIBT DIE UNTERNEHMENSKULTUR DIE VERKÖRPERTEN WERTE (IST), FORMULIERT DAS LEITBILD DIE GEWÜNSCHTE UNTERNEHMENSKULTUR (SOLL). IM IDEALFALL STIMMEN IST UND SOLL ÜBEREIN!

Das Leitbild bestimmt den Unternehmenskurs

Das Leitbild bestimmt die Entwicklung der Unternehmenspersönlichkeit. Es steckt den Rahmen für künftiges Handeln durch einen Katalog ab, der Werte, Bekenntnisse und Kriterien zur Unternehmenspersönlichkeit enthält und Verhaltensnormen setzt.

DAS LEITBILD LEGT DEN GRUNDSTEIN FÜR DAS VERMITTELN DER UNTERNEHMENSPERSÖNLICHKEIT. UMGEKEHRT VERKÖRPERN SÄMTLICHE UNTERNEHMENSMERKMALE DAS LEITBILD!

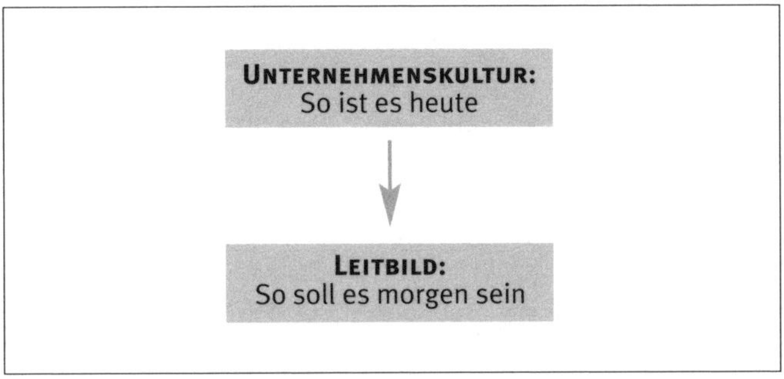

Abb. 6.4: Hier setzt das CIM an: Zusammenhang zwischen Unternehmenskultur und Leitbild

Die Umsetzung des Leitbildes gewährleistet das eindeutige Erkennen und Unterscheiden sowie das Profilieren der Unternehmenspersönlichkeit bei den internen und externen Bezugsgruppen.

Vorteile des Leitbildes

Das Leitbild hat folgende Vorteile:

- Es informiert die Beteiligten über die Unternehmenswerte. Es regelt, wie die Beteiligten handeln und welche Prinzipien gelten.
- Die Verantwortlichen können Fehler erkennen und korrigieren. Das Leitbild räumt Unsicherheiten aus, die am optimalen Erfüllen von Aufgaben hindern.
- Das Unternehmensleitbild zeigt jedem Mitarbeiter, wie er durch sein Verhalten zum Erreichen der Unternehmensziele und damit zum Unternehmenserfolg beitragen kann.
- Es ermöglicht, fassbare Vorgaben für die Mitarbeiter abzuleiten, die nicht beliebig sind, sondern aus einem übergeordneten gemeinsamen Selbstverständnis abgeleitet sind.

- Das Unternehmensleitbild wirkt nach außen, indem es die Bezugsgruppen über die Werte und Normen des Unternehmens informiert sowie Aussagen über dessen Wünsche und Erwartungen trifft.

WENN DAS UNTERNEHMEN ALS EINHEIT WIRKEN SOLL, MÜSSEN GEMEINSAME SPIELREGELN BEKANNT SEIN UND EINGEHALTEN WERDEN!

„Wissen wir nicht, wer wir sind (was unser Unternehmen ist), dann wissen wir auch nicht, was wir wollen – und was nicht.

Wissen wir jedoch, wer wir sind, was wir wollen (= unsere Identität) – und warum oder warum nicht, dann sind wir unser selbst sicher. Also fühlen wir uns selbst sicher. Also entscheiden wir sicher.

Sind wir unserer Identität gewiss, dann sind wir auch sicher bezüglich unserer eigenen Prioritäten, Risiken und Chancen. Dann gestalten wir unsere eigene Gegenwart und Zukunft und die unserer Unternehmen.

Und mit unserer Identität treiben wir Identitäts-Marketing: Wir schaffen unsere ureigenen Märkte – indem wir uns unverwechselbar, einmalig zu erkennen geben – und auch so erkannt werden können. Unser Markt entsteht, indem wir uns auf den Markt ausrichten, der uns anspricht.

Ob wir unserer eigenen Identitäts-Strategie gemäß handeln, ist keine Frage vermeintlich wissenschaftlicher Theorien: Entweder wir tun es – oder wir leben ein verfehltes Leben oder wir schaffen verfehlte Unternehmen.“

C.P. Seibt in: Marketing Journal, Hamburg, Heft 1/78, Seite 6

Elemente des Leitbildes

Das sind die Elemente des Leitbildes:

- DIE LEITIDEE nennt den Sinn des Unternehmens und vermittelt jene Vision, wie es aktuelle und künftige Probleme lösen oder dazu beitragen will.
- DIE LEITSÄTZE sind Kernaussagen, die grundlegende Werte, Ziele und Erfolgskriterien festlegen. Sie bestimmen das Verhältnis des Unternehmens zu zentralen Bezugsgruppen wie Mitarbeitern, Kunden, Aktionären, Medien. Die Leitsätze formulieren die spezifische Kompetenz des Unternehmens, seine Leistungsfähigkeit und die Wettbewerbsvorteile.
- DAS MOTTO fasst alles in einem kurzen, prägnanten Slogan zusammen.

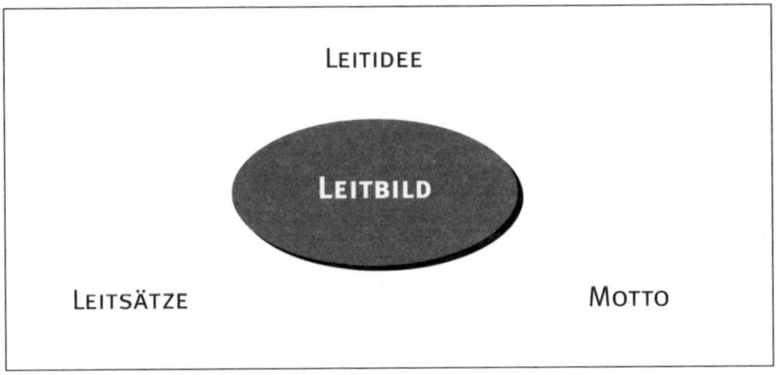

Abb. 6.5: Die Bestandteile des Leitbildes

6.2.1 Die Leitidee

Eine realistische Utopie

Am Beginn vieler Firmen steht eine Leitidee, auch Vision, Mission oder Auftrag genannt. Sie enthält den langfristigen und deutlich wahrnehmbaren Nutzen des Unternehmens für seine Bezugsgruppen, der auf seiner Kompetenz basiert (siehe Kap. 3.6).

Managementpapst Peter Drucker drückt dies so aus: *„Was zum Erfolg führt, ist immer dasselbe: Eine konzeptionelle unternehmerische Idee. Das heißt eine Idee von dem, was die Verbraucher wollen. Jeder der großen Unternehmensgründer hatte eine leitende und übergeordnete Idee, welche sie ihren Entscheidungen und Handlungen zugrunde legten."*

Rudolf Diesel hatte die Idee zu einem selbst zündenden Wärmemotor, der die Dampfmaschine ablöste. Hayek und Thomke kam inmitten der Talfahrt der schweizerischen Uhrenindustrie der Einfall, eine modische Plastikuhr zu günstigem Preis anzubieten – die SWATCH war geboren. *„Damit vieles im Leben leichter wird"*, hieß es bei BEIERSDORF. Das Ergebnis: TESAFILM, LEUKOPLAST und HANSAPLAST. MIELE will *„der Hausfrau durch immer bessere Maschinen und immer bessere Technik die Arbeit im Haushalt immer leichter machen und so ihre Lebensqualität erhöhen"*. Fast jeder Verein, jeder Verband beginnt mit einer Idee – sei es, Tiere zu schützen, sportliche Höchstleistungen aufzustellen oder die Musik zu fördern.

Die Leitidee drückt den Nutzen aus

Die Leitidee drückt den Sinn des Unternehmens aus, also den Nutzen für Kunden, Markt und Gesellschaft. Sie begründet, warum ein Unternehmen überhaupt besteht, sie ist also dessen Legitimation.

Wen interessieren nackte Zahlen und Fakten nach dem Motto: *„Wir sind ein Unternehmen mit 300 Beschäftigten, das einen Umsatz von 30 Millionen Euro erzielt“*? Stattdessen will die Öffentlichkeit wissen, mit wem sie es zu tun hat und welchen Beitrag das Unternehmen für die Gesellschaft oder die Gesamtwirtschaft leistet. Dies kommt in vielen Leitbildern zu kurz. Stattdessen wird der Zweck des Unternehmens ausgedrückt – also das, was die Aktivitäten dem Unternehmen selbst bringen.

Kundennutzen statt Unternehmenszweck

Ein Beispiel:

- Der Zweck eines Unternehmens wäre *„Wir sind ein Hersteller von Sportartikeln“*.
- Ein Sinn wäre: *„Wir wollen den Menschen helfen, die größte Erfüllung im Sport zu finden, indem wir ihnen die besten Produkte in Hinsicht auf Funktion, Aussehen, Qualität und Komfort zur Verfügung stellen.“* (ADIDAS)

Abb. 6.6: Hierin unterscheiden sich Zweck und Sinn

6.2.2 Die Leitsätze

Die Leitsätze erläutern die Leitidee

Visionen liegen weit weg und machen es leicht, beim Alten zu bleiben. Die Leitidee wird daher in Leitsätzen konkretisiert, damit sie alle Beteiligten in Handeln umsetzen können.

Leitsätze sind Kernaussagen für das Unternehmen, die grundlegende Werte, Ziele und Erfolgskriterien festlegen. Sie bestimmen das Verhältnis des Unternehmens zu zentralen Bezugsgruppen wie Mitarbeitern und Marktpartnern. Die Leitsätze formulieren die spezifische Kompetenz des Unternehmens, seine Leistungsfähigkeit, die Wettbewerbsvorteile und sie erläutern, wie die Leitidee umgesetzt wird.

Leitsätze für Funktionen bestimmen konkretes Handeln

Leitsätze werden auf Abteilungen heruntergebrochen

Wichtig zu wissen: Leitsätze sind allgemein gehalten, damit sie auf alle Bereiche des Unternehmens zutreffen. Nach Bekanntgabe der Leitsätze konkretisieren diese die einzelnen Bereiche und Ressorts in Handlungsrichtlinien, so zum Beispiel in Leitsätze für Forschung, Umweltschutz oder Führung. Sie sind so formuliert, dass erwartetes Handeln erkennbar ist, dessen Einhaltung kontrolliert und sanktioniert werden kann.

Dieser Prozess des Ableitens von konkreten Handlungsanweisungen aus den Unternehmensleitsätzen ist erst in wenigen Unternehmen gelungen und als Prozess fest etabliert. Oft gibt es zwar Leitsätze, doch weiß kein Mitarbeiter, wie er zu deren Umsetzung beitragen kann. Die Folge ist, dass das Unternehmen nicht gemäß seiner gemeinsamen Vereinbarungen, nichts anderes sind Unternehmensleitsätze, handelt.

Ein anderes Problem ist, dass Unternehmensleitsätze nicht umgesetzt werden, weil diese mit unbequemen Verhaltensänderungen verbunden sind. Die Erfahrung zeigt, dass Sie die Umsetzung der Unternehmensleitsätze deshalb in der Mitarbeiterbewertung verankern sollten, damit das Umsetzen für den Mitarbeiter Konsequenzen hat.

Das Umsetzen der Unternehmensleitsätze sollte belohnt werden

Das Umsetzen der Unternehmensleitsätze sollte daher belohnt werden!

6.2.3 Das Motto

Das Motto als Konzentrat

Leitidee und Leitsätze sind meist zu lang, um sie sich merken zu können. Das Motto fasst zusammen, welche zentrale Aussage sich bei den Bezugsgruppen einprägen soll. Das Motto ist daher kurz, prägnant, leicht zu merken und unterscheidet sich von anderen – eine anspruchsvolle Aufgabe!

Das Motto von AMAZON heißt: *„Crazy for you"*. Damit will das Unternehmen ausdrücken, dass der Kundenservice bzw. die Kundenbetreuung sowie die Sicherheit der Daten und die Zufriedenstellung der Kunden das wichtigste ist.

Weitere Beispiele: *„Freude am Fahren"* (BMW); *„Ihr guter Stern auf allen Straßen"* (MERCEDES); *„zuhause@aol.com"* (AOL); *„Der Klügere sieht nach"* (WISSEN.DE). Ein schwaches Motto ist *„Kommunikation ist alles"* (DEBITEL), weil es austauschbar ist und weder rational noch emotional anspricht. Ebenso ungenau ist *„Das Tor zur Mobilen Welt"* (XONIO.DE).

Schwer auszusprechen und zu merken ist *„Hier findet Erstklassigkeit zueinander"* (JOBWARE).

PRÜFEN SIE, OB DAS MOTTO FREMDSPRACHLICH SEIN MUSS: DIES VERSTEHT ZWAR JEDER SACHLICH-RATIONAL; DOCH SPRICHT ES KAUM EMOTIONAL AN!

6.3 Instrumente

Vermitteln der Unternehmenspersönlichkeit

Ihre starke Unternehmenspersönlichkeit präsentieren Sie durchgängig in sämtlichen Kontakten mit Ihren Bezugsgruppen – also in Design, Kommunikation und Verhalten. Stets erkennen die Bezugsgruppen Ihre starke und einzigartige Unternehmenspersönlichkeit.

Firmenspezifisches unverwechselbares Vorstellungsbild vom Unternehmen

Design, Kommunikation und Verhalten stellen einen Mix dar, der ein firmenspezifisches unverwechselbares Vorstellungsbild vom Unternehmen schafft: das Corporate Image (siehe Kap. 6.4). Nur der abgestimmte und strategisch ausgerichtete Einsatz aller Aktivitäten kann das widerspruchsfreie Vermitteln der Unternehmenspersönlichkeit sicherstellen (siehe Kap. 3.4).

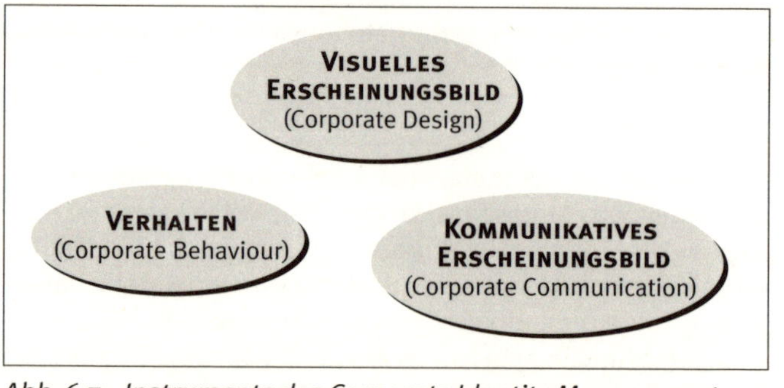

Abb. 6.7: Instrumente des Corporate Identity Management

Insgesamt ergibt sich somit folgender Zusammenhang:

- DIE UNTERNEHMENSKULTUR DRÜCKT DAS DERZEITIGE GEMEINSAME SELBSTVERSTÄNDNIS über die Unternehmenspersönlichkeit aus.
- DAS LEITBILD FORMULIERT DAS ANGESTREBTE SELBSTVERSTÄNDNIS. Das Leitbild besteht aus der Leitidee, den Leitsätzen und dem Motto.

- DIE CIM-INSTRUMENTE VERMITTELN DAS ANGESTREBTE SELBSTVERSTÄNDNIS in Design, Kommunikation und Verhalten.
- Das Image entsteht als ERGEBNIS DER VERMITTLUNG DER UNTERNEHMENSPERSÖNLICHKEIT bei den internen und externen Bezugsgruppen des Unternehmens.

Hinweis des Verlages: Der Autor hat mittlerweile sein Konzept des Corporate Design um Bilderwelten erweitert. Weitere Hinweise hierzu finden Sie im Buch „Corporate Imagery“ sowie auf der Website des Autors http://www.corporate-imagery.de.

6.3.1 Corporate Design

Die Unternehmenspersönlichkeit nimmt Gestalt an

Das Corporate Design (CD) vermittelt die Unternehmenspersönlichkeit durch ein einheitliches visuelles Erscheinungsbild: Eine konservative Firma realisiert ihre Geschäftspapiere, Geschäftsberichte, Anzeigen und Werbespots mit eher konservativen Stilmitteln. Ein modernes Unternehmen signalisiert dies durch den Einsatz fortschrittlicher Gestaltungskomponenten und -prinzipien wie zukunftsweisende Logo-Formate, progressive Schriften und eine ungewöhnliche Architektur.

Gestaltungskonstanten

Das Corporate Design wird geprägt von Gestaltungskonstanten wie dem Logo, den Hausfarben, der Hausschrift, der typographisch gestalteten Form des Slogans, den Gestaltungsrastern und den stilistischen Sollvorgaben für Abbildungen, Fotos und andere Illustrationselemente.

Diese Konstanten bestimmen das Design aller visuellen Äußerungen des Unternehmens: der Produkte und ihrer Verpackung, der Kommunikationsmittel, der Architektur und weiterer Sonderbereiche wie des Fotodesigns, der Beschilderung, der Gebäudebeschriftung und mitunter sogar der Arbeitskleidung.

Vielen ist das Design am wichtigsten

Viele Aktivitäten des CIM sind auf das Design konzentriert – irrigerweise werden oft sogar beide Begriffe gleichgesetzt. Nicht ohne Grund: Corporate Design lässt sich ohne viel Aufhebens an Externe delegieren und Erfolge zeigen sich schnell; personelle Konsequenzen oder organisatorische Änderungen sind kaum zu erwarten. Jedoch: Corporate Design transportiert die Unternehmensidentität, aber sie schafft sie nicht.

DAS CORPORATE DESIGN IST FORM, ABER KEIN INHALT!

Eine Flagge ist nur Symbol der Identität einer Stadt, eines Landes oder einer Nationalität. Nicht der Stern macht MERCEDES berühmt, sondern MERCEDES macht den Stern berühmt.

Jede Organisation kann einheitliches Design nutzen

Corporate Design ist visuelles Konzentrat eines inhaltlichen Konzeptes, einer Weltanschauung, eines gesellschaftlichen Auftrages, eines Parteiprogramms, einer religiösen Glaubensrichtung, eines sozialen Entwurfs, eines Unternehmensleitbildes, kurzum: eines formulierten Selbstverständnisses – egal, ob es sich um Unternehmen, Institutionen, Kirchen, Parteien, Städte, Messen und Kongresse handelt.

Richtlinien stellen Corporate Design sicher

Um ein einheitliches Design zu gewährleisten, müssen Gestaltungsrichtlinien aufgestellt und eingehalten werden. Solche Richtlinien werden in einem Design-Manual veröffentlicht, das es meist auf CD-ROM und im Intranet gibt.

Das visuelle Erscheinungsbild muss sich entwickeln

Ein gutes CD: Nicht starr, aber auch nicht modisch

Das Erscheinungsbild muss dem Selbstverständnis dauerhaft entsprechen. Es darf aber nicht erstarren, sondern muss sich mit dem Unternehmen, seinem Leitbild und langfristig in gewissem Maß auch mit dem allgemeinen ästhetischen Zeitgefühl entwickeln.

6.3.1.1 GESTALTUNGSELEMENTE

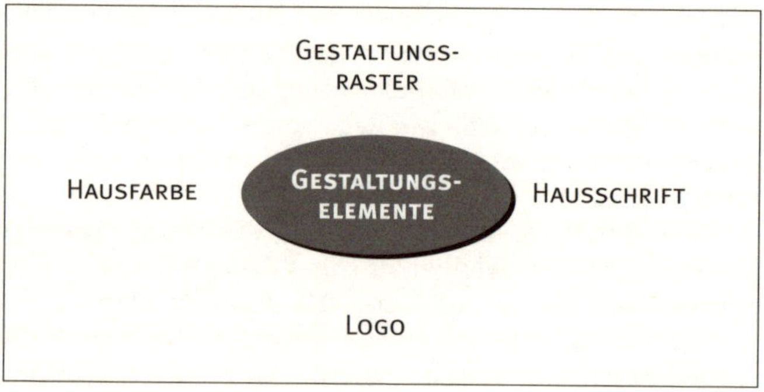

Abb. 6.8: Gestaltungselemente

Das Corporate Design umfasst Logo, Hausfarbe, Hausschrift und Gestaltungsraster, die als einheitliche Konstanten dem Erkennen und Unterscheiden des Unternehmens dienen.

- LOGO: Das Unternehmenszeichen, auch Logo genannt, soll folgende Eigenschaften erfüllen: Es weckt Aufmerksamkeit und hat Signalwirkung; es informiert und hat Erinnerungswert; es hat einen ästhetischen Wert, der eigenständig und langlebig ist; es integriert, es kann variiert und auf vielfältigsten Vorlagen angebracht werden.

Das Logo von APPLE

- HAUSFARBE: Die Hausfarbe ist ein weiteres wichtiges, weil sehr unmittelbar einprägsames Erkennungs- und Unterscheidungsmerkmal:
  SHELL hat gelb gewählt, blau ist ARAL, rot signalisiert FERRARI. Blauweiß steht für BMW, durch die rotgelbe Farbe ist der Drive Inn von McDONALD's schon von ferne zu erkennen.
- SCHRIFTEN: Hausschriften drücken ebenfalls Selbstverständnis aus: Fortschrittliche Unternehmen zeigen auch hier Fortschritt und verwenden keine klassisch konservativen Schriften wie Helvetica oder Times, sondern Meta oder Thesis. Und dennoch gilt:

  DIE HAUSSCHRIFT SOLLTE MÖGLICHST ZEITLOS SEIN UND KEINEM KURZFRISTIGEN MODETREND FOLGEN!

- GESTALTUNGSRASTER: Durch Gestaltungsraster werden Komponenten eines Entwurfes, das sind Unternehmenszeichen und andere Gestaltungskonstanten, Texte und Abbildungen, in ein einheitliches feststehendes Ordnungssystem eingebunden. Auch dies ist ein sehr wichtiger Faktor der Erkennbarkeit des Unternehmensauftritts, der darüber hinaus den Entwurf und die Realisierungsarbeiten vereinfacht.

6.3.1.2 EINSATZ DER GESTALTUNGSKONSTANTEN

Produkte, Kommunikation und Architektur

Die konstanten Gestaltungselemente werden im Produktdesign, dem Kommunikationsdesign sowie dem Architekturdesign eingesetzt.

Unternehmenspersönlichkeit prägt die äußere Gestalt

- PRODUKTDESIGN: Das Produktdesign ist die äußere Gestaltung des Produktes. Ein Produktdesign sagt auch etwas über den Hersteller aus. So kann die Unternehmensführung das Produktdesign als Instrument der Darstellung ihres Leitbildes nutzen. Paradebeispiel ist Bang & Olufsen, die ihre Position gegenüber der Konkurrenz wesentlich dem Design ihrer Produkte verdanken. Weitere bekannte Beispiele sind Vitra, Erco und Bulthaup. Die Produkte von Braun stehen mittlerweile im New Yorker Museum of Modern Art.

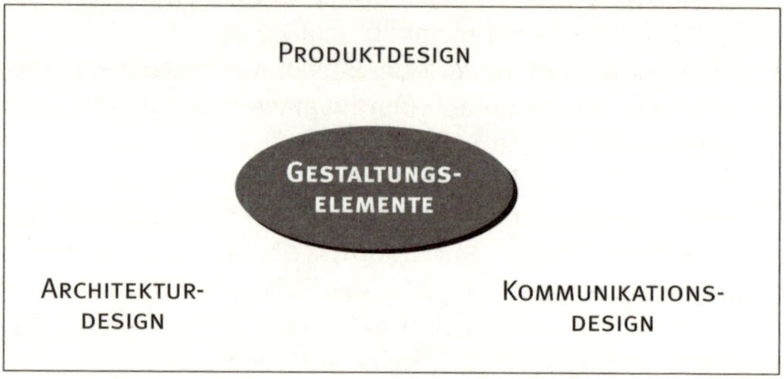

Abb. 6.9: Einsatzgebiete der Gestaltungselemente

- Kommunikationsdesign: Das Kommunikationsdesign umfasst zum Beispiel das Printmediendesign, das Fotodesign, das Messedesign, das Bekleidungsdesign, das Design für audiovisuelle Medien wie Videos, CD-ROM sowie das Internet-Design.
- Architekturdesign: Wirken die Gebäude wie durcheinander gewürfelt oder verfolgen sie einen einheitlichen

Abb. 6.10: Architektur von Vitra als Ausdruck der Unternehmenspersönlichkeit

Stil! Büroausstattung und Bürogröße signalisieren die Bedeutung von Mitarbeitern und -gruppen: In manchen Unternehmen lässt sich der Rang eines Mitarbeiters sofort an solchen Statussymbolen ablesen, auch wenn diese Form der Rangzuordnung nicht zuletzt durch flachere Hierarchien und den mobilen Arbeitsplatz an Bedeutung verloren hat.

6.3.2 Corporate Communication

Hier kommt das Selbstverständnis zur Sprache

Die Corporate Communication umfasst sämtliche Kommunikationsinstrumente des Unternehmens: Werbung, Verkaufsförderung und Public Relations. Für ein starkes und widerspruchsfreies Image entscheidend ist das strategische Gesamtkonzept, das aus dem Leitbild und den Unternehmenszielen abgeleitet ist (siehe Kap. 6.2).

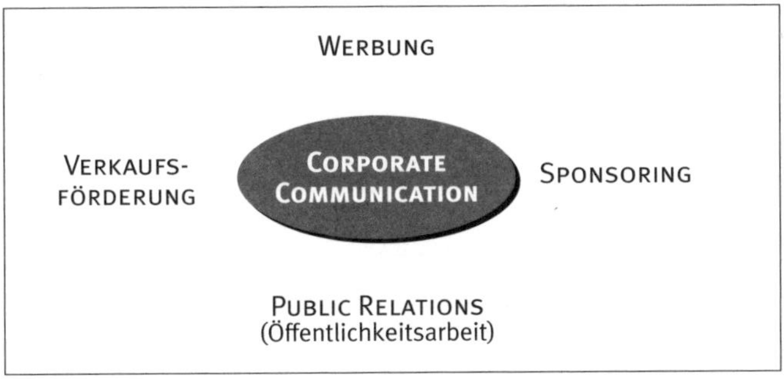

Abb. 6.11: Die Instrumente der Corporate Communication

- WERBUNG: Werbung orientiert sich am Produkt oder der Dienstleistung und ist markt- oder umsatzbezogen. Sie gestaltet Markenbekanntheit und Markenimage mit dem Ziel, den Konsumenten zum Kauf zu bewegen und ihn langfristig zufrieden zu stellen. Hierfür stehen Werbemittel zur Verfügung wie Anzeige, Funkspot, TV-Spot, Kinospot, Plakat, Prospekt etc. Für diese Werbemittel werden Werbeträger gebucht wie Zeitschriften, Zeitungen, Funk, Fernsehen, Kino, Plakatwände, Litfaßsäulen, Multimedia etc. Produktwerbung kann so konzipiert sein, dass Verbindungen zum Hersteller leichter möglich sind.

  Auf diese Weise können die Produkte und Dienstleistungen von der Bekanntheit und der Kompetenz des Unternehmens profitieren (siehe Kap. 1.1). Konstant eingesetzte Gestaltungsmerkmale des Corporate Design, also Logo, Typografie, Farbe und der koordinierte formale Umgang mit ihnen unterstützen das Erkennen. Ein positives Produkt- oder Unternehmensimage kann neue Produkte stützen und ihnen zum Markterfolg verhelfen. Die Unternehmenspersönlichkeit trägt somit bei, den Markenwert zu erhöhen.

Das Unternehmen unterstützt Handel und Wiederverkäufer

- VERKAUFSFÖRDERUNG: Durch Verkaufsförderung unterstützt das Unternehmen den Handel und andere Wiederverkäufer – sachlich, personell und organisatorisch. Sie richtet sich an Absatzmittler wie Handel und Verkaufsorgane der Produzenten sowie Außendienst und Endverbraucher. Ziel ist
  - die Werbebotschaft an den Verkaufsort heranzutragen, um so den gesamten Warenweg lückenlos zu erfassen;
  - das Angebot am Verkaufsort zu aktualisieren;
  - Spontankäufe zu initiieren und bestehende Kaufabsichten zu ändern;
  - den Absatz zu erhöhen, zum Beispiel durch Preisausschreiben, Prämien, Wettbewerbe etc.

  Typische Aktionsmittel sind Displays (Aufsteller), Prospekte für Preisausschreiben, Zweit- und Sonderplatzierungen, Preisnachlässe in Verbindung mit Sonderpackungen, Packungen mit dekorativem Zusatznutzen, Gratisproben, Gewinnspiele, die auch in Werbemedien und Fachmedien veröffentlicht werden.

  Auch hier fällt es dem Unternehmen mit eindeutigem Profil und unverwechselbaren Leistungen leichter, den Handel beim Verkaufen zu unterstützen, da sich die Kunden gezielter entscheiden. Es kann sogar Druck auf den Handel entstehen, Produkte eines Unternehmens in das Sortiment aufzunehmen, wenn Kunden diese stark nachfragen (Pull-Strategie).
- PUBLIC RELATIONS: Public Relations sind das Management der Kommunikation des Unternehmens mit seinen wichtigen Bezugsgruppen aus Unternehmen, Markt und Gesellschaft mit dem Ziel, das Unternehmen bekannt zu machen und ein festgelegtes Vorstellungsbild seiner Unternehmenspersönlichkeit zu erzeugen. Instrumente sind z.B. Presseinformationen, Anzeigen, Broschüren, Filme,

audiovisuelle Medien wie CD-ROM und DVD, Veranstaltung von Aktionen und Ereignissen wie Ausstellungen und Kongresse.

6.3.3 Corporate Behaviour

Aus Worten werden Taten

„Taten statt Worte" – was der Volksmund sagt, gilt auch für Unternehmen: Das Selbstverständnis darf nicht nur gezeigt und kommuniziert, es muss auch gelebt werden:

> *ZENTRALER BESTANDTEIL DES CORPORATE IDENTITY MANAGEMENTS IST DAS SYSTEMATISCHE UND LANGFRISTIGE ENTWICKELN DES AN DER UNTERNEHMENSPERSÖNLICHKEIT AUSGERICHTETEN VERHALTENS DER MITARBEITER: DAS CORPORATE BEHAVIOUR!*

Beispiele

Firmenverhalten zeigt sich unter anderem darin, wie Mitarbeiter miteinander und mit Externen wie Kunden und Lieferanten umgehen, wie das Unternehmen Konflikte löst, wie es auf Probleme reagiert, wie viel Offenheit und Vertrauen im Umgang mit der Öffentlichkeit vorherrschen sollen.

Elemente des Corporate Behaviour

Es geht also vor allem um das

- VERHALTEN GEGENÜBER MITARBEITERN: Wie ist der Führungsstil? Nach welchen Kriterien wird Personal eingestellt und befördert? Wie ist das Verhalten in der Ausbildung? Wie werden Mitarbeiter gefördert? Wie ist das Verhalten in der Lohn- und Gehaltspolitik? Wie sind die Sozialleistungen?
- VERHALTEN GEGENÜBER MARKTPARTNERN: Richtet das Unternehmen sein Produktionsprogramm konsequent an den Kundenbedürfnissen aus? Hält es Qualitätsgrundsätze ein? Gestaltet es seine Preise angemessen und übersichtlich? Sind seine Verkaufspraktiken ehrlich, solide und transparent? Sind Garantie- und Serviceleistungen umfassend? Reguliert es schnell und kulant Reklamationen und Beschwerden? Liefert es zuverlässig und termingerecht?
- VERHALTEN GEGENÜBER AKTIONÄREN UND GELDGEBERN: Wie verhält es sich in der Ausschüttung der Dividende? Welche Informationspolitik verfolgt es gegenüber seinen Aktionären und Geldgebern?
- VERHALTEN GEGENÜBER STAAT, ÖFFENTLICHKEIT UND UMWELT: Wie kommuniziert das Unternehmen mit gesell-

schaftlichen Gruppen? Wie verhält es sich gegenüber gesellschaftlichen und kulturellen Interessen, gegenüber ökologischen Problemen, gegenüber dem wissenschaftlich-technologischen Fortschritt und dem sozialen Wandel?

Bei Dienstleistern ist das Verhalten der Mitarbeiter besonders wichtig

Bei Dienstleistungsunternehmen, zum Beispiel Banken, Versicherungen und Unternehmensberatern, ist das Verhalten der Mitarbeiter besonders wichtig, da es für die Bezugsgruppen aufgrund der Immaterialität der Leistungen keine physischen Wahrnehmungsanker gibt. Weitere Unternehmen, deren Persönlichkeit besonders stark durch das Mitarbeiterverhalten geprägt ist, sind zum Beispiel Restaurantketten, Fluggesellschaften und Verkehrsbetriebe.

Kein Abweichen von den Leitsätzen

Das Handeln muss stimmig sein

Das Verhalten muss schlüssig und stimmig sein; es darf weder in der Produktpolitik noch in der Sozialpolitik, der Finanzpolitik und der Vertriebspolitik von den formulierten und vereinbarten Leitsätzen abweichen.

WAS NUTZEN DIE ORIGINELLSTE ERSCHEINUNG UND DIE VOLLMUNDIGSTEN VERSPRECHUNGEN DER KOMMUNIKATION, WENN DAS HANDELN NICHT STIMMT?

Corporate Identity Management ist mehr als Kommunikation

Corporate Identity Management ist also mehr als Design oder Kommunikation, wie viele meinen. Es muss auch das Handeln des Unternehmens umfassen, sonst kommt es zu folgenden Situationen:

Brüche zwischen Handeln und Kommunikation

- Das Firmendesign präsentiert ein schillerndes, kreatives Unternehmen. Tatsächlich verhindern Bürokratie und autoritärer Führungsstil die Eigeninitiative der Mitarbeiter.
- Den Aktionären gegenüber betont das Unternehmen seine Innovationskraft. Tatsächlich aber befinden sich keine Produkte in der „Pipeline“, weil die Entscheidungs- und Budgetprozesse bürokratisch und langatmig sind.
- Werbung stellt das Unternehmen als flexibel dar, das spontan auf Kundenwünsche reagiert. In der Praxis weigert sich der Kundendienstmitarbeiter beim Aufbau einer Anlage, eine Zusatzeinrichtung einzubauen, weil ihm diese Zeit von seiner Mittagspause abgeht.

- In den Stellenanzeigen stellt sich das Unternehmen als attraktiver Arbeitgeber dar, der seinen Mitarbeitern viel Mitsprache und Freiräume einräumt. Doch schon in seiner Einarbeitung erkennt der neue Stelleninhaber, dass sein Arbeitsumfeld stark reglementiert ist.

Die neuen Medien bringen es an den Tag

Am deutlichsten zeigt sich mangelndes Zusammenspiel im direkten Kontakt mit der Öffentlichkeit, also im Vertrieb, auf Messen und neuerdings im Internet: Auf dem Bildschirm erscheint nicht selten im Angebot eines Unternehmens ein Sammelsurium von Elementen, Slogans und Botschaften. Und während das Online-Angebot auf Service und Flexibilität hinweist, lässt die Antwort auf eine Anfrage tagelang auf sich warten. Fazit: Durch einen Internet-Auftritt soll Innovation gezeigt werden – heraus kommt das Gegenteil.

> *DAS UNTERNEHMEN WIRD NICHT NUR AN DEM GEMESSEN, WAS ES SAGT, SONDERN VOR ALLEM AN DEM, WIE ES HANDELT!*

Schwieriger Wandel

In Zeiten dynamischen Wandels gibt es oft keine Übereinstimmung von Design, Kommunikation und Handeln, denn das Unternehmen zeigt und kommuniziert, wie es sein möchte, aber das Handeln entspricht dem noch nicht. Bei Unternehmen im Wandel kommt daher der Unternehmenskommunikation die entscheidende Aufgabe zu, diesen Wandel darzustellen und zu erläutern, damit den Bezugsgruppen die widersprüchlichen Erscheinungsweisen des Unternehmens verständlich werden:

- Welches Verhalten zeigt das Unternehmen derzeit?
- Welches Verhalten strebt es an?
- In welchen (sichtbaren) Schritten wird sich das Verhalten entwickeln?

Beantwortet das Unternehmen seinen Bezugsgruppen diese Fragen nicht, dann besteht die Gefahr, dass das Unternehmen unglaubwürdig wird, weil es anders redet als handelt. Voraussetzung für das widerspruchsfreie Vermitteln der Unternehmenspersönlichkeit ist das langfristig angelegte Konzept, das festlegt, was, wann und mit wem über den Wandel kommuniziert wird (siehe Kap. 7).

6.4 Image

Ziel des CIM-Prozesses

Ziel des CIM ist die Profilierung des Unternehmens nach innen und außen: Die wichtigen Bezugsgruppen sollen sich ein starkes, widerspruchsfreies Vorstellungsbild der Unternehmenspersönlichkeit machen (siehe Kap. 4). Dieses Vorstellungsbild vom Unternehmen ist Basis, damit sich Glaubwürdigkeit, Sicherheit und Vertrauen entwickeln können (siehe Kap. 3.6). Das unverwechselbare, charakteristische Image ermöglicht dem Unternehmen und seinen Produkten, aus der Anonymität und der Informationsflut herauszutreten und erkennbar zu werden. Erkennbarkeit, Sympathie und Vertrauen stabilisieren das Verhältnis zwischen dem Unternehmen und seinen Bezugsgruppen und ermöglichen, dass diese die Ziele des Unternehmens unterstützen (siehe Kap. 3.6).

Vorstellungsbilder gestalten

Images sind Vorstellungsbilder, die eine Person bzw. eine Gruppe von Menschen von einem Meinungsgegenstand haben.

Meinungsgegenstände können sein
- PERSONEN, zum Beispiel der Firmenchef,
- OBJEKTE, zum Beispiel das Unternehmen,
- IDEEN, wie der Umweltschutz.

Beispiele

Zum Beispiel haben die Bezugsgruppen das Vorstellungsbild vom Unternehmer als soliden, glaubwürdigen Gesprächspartner, sein Unternehmen gilt als sozial und kompetent.

Weitere Beispiele:
- Der Kunde weiß, dass das Unternehmen hochwertige Leistungen erbringt, die seine Wünsche und Erwartungen einzigartig erfüllen. Er findet dies wichtig und gut und er will deshalb die Leistungen beanspruchen.
- Der Investor ist über die Zukunftsperspektiven des Unternehmens informiert. Er ist überzeugt, dass es sich lohnt, in die Aktien zu investieren, und er empfiehlt sie weiter.
- Dem Anwohner ist bekannt, dass das Unternehmen eine neue Fabrikhalle bauen will. Er ist über deren Nutzen informiert sowie über die Maßnahmen zum Lärmschutz und zur Arbeitssicherheit. Er bewertet die Fabrikhalle als notwendig, sicher und umweltgerecht.

Warum sind Images für Menschen so wichtig? Images ermöglichen Orientierung, indem sie Wissen ersetzen: Kein Mensch kann heute alles wissen, was um ihn herum passiert. Images leiten, indem sie Komplexität verringern: Hat ein Bewerber ein Vorstellungsbild vom Unternehmen, kann er entscheiden, ob er sich dort bewirbt oder nicht. Der Mitarbeiter kann aufgrund seines Vorstellungsbildes bewerten, ob das Unternehmen seine Werte vertritt und ob er deshalb das Unternehmen unterstützen will.

Images geben den Bezugsgruppen Orientierung

Bezugsgruppen wollen sich ein Vorstellungsbild vom Unternehmen machen, um sich ihre Meinung zu bilden und hieraus Entscheidungen abzuleiten!

Warum sind Images für Unternehmen so wichtig? Images beeinflussen die Wahrnehmung und steuern das Verhalten der Bezugsgruppen: Ein positives Image vom Unternehmen führt eher dazu, dass sich die Bezugsgruppen positiv verhalten, zum Beispiel durch Kauf oder eine Bewerbung. Ein schlechtes Image führt eher dazu, dass sich die Bezugsgruppen negativ verhalten, zum Beispiel durch Proteste und Boykotte. Unternehmen versuchen daher, ein angemessenes Vorstellungsbild von ihrer Unternehmenspersönlichkeit zu erzeugen und systematisch zu entwickeln. Ist das Unternehmen innovativ und fortschrittlich, gilt aber in den Augen wichtiger Bezugsgruppen als traditionell und altmodisch, kann das CIM versuchen, dieses Vorstellungsbild zu berichtigen: Eine Broschüre informiert über Neues in der Technik, der Tag der offenen Tür stellt hochmoderne Produktionsanlagen, neuartige Verfahren oder bahnbrechende Abläufe vor; der Geschäftsführer erörtert mit Journalisten, wie er die Zukunft seines Unternehmens meistern will.

Images steuern das Verhalten

CIM unterstützt das Erreichen der Unternehmensziele durch den Aufbau sowie die systematische, kontinuierliche Entwicklung des starken und einzigartigen Unternehmensimages!

6.4.1 Entstehen

Wie entstehen Images? Es gibt Eigenschaften, die für die Bezugsgruppen wichtig sind, wenn sie ein Unternehmen

Images bestehen aus Informationen und Emotionen

beurteilen: Für Stellensuchende sind das interessante Arbeitsplätze und ein gutes Betriebsklima, für Aktionäre ist das der Aktienwert. Das Image entsteht nun dadurch, dass die Bezugsgruppen aufgrund ihres Wissens einschätzen und bewerten, inwieweit das Unternehmen über diese für sie wichtigen Eigenschaften verfügt und im Vergleich zum Wettbewerb erfüllt. Das Ergebnis sind Meinungen, Wünsche und Erwartungen.

IMAGES BEINHALTEN DIE SUBJEKTIVE BEWERTUNG DER BEZUGSGRUPPEN DARÜBER, OB UND INWIEWEIT DAS UNTERNEHMEN GEEIGNET IST, DIE WÜNSCHE UND ERWARTUNGEN EINZIGARTIG ZU ERFÜLLEN!

Mit dem Unternehmen sind feste Eigenschaften verbunden

Ihre Bezugsgruppen sollen Eigenschaften mit Ihrem Unternehmen verbinden und diese Eigenschaften positiv bewerten. Optimal wäre, wenn die Bezugsgruppen bei bestimmten Eigenschaften an Ihr Unternehmen denken und – umgekehrt – Ihr Unternehmen sofort mit festgelegten Eigenschaften verbinden. Dies können sachliche Eigenschaften sein wie die Beratungskompetenz einer Bank oder emotionale Eigenschaften wie die Gefühlswelt, die mit einem Energieunternehmen verbunden ist. Sachliche und emotionale Eigenschaften können kombiniert sein.

Aufgabe des CIM ist es, solche Merkmale aufzudecken und zu gestalten (siehe Kap. 2).

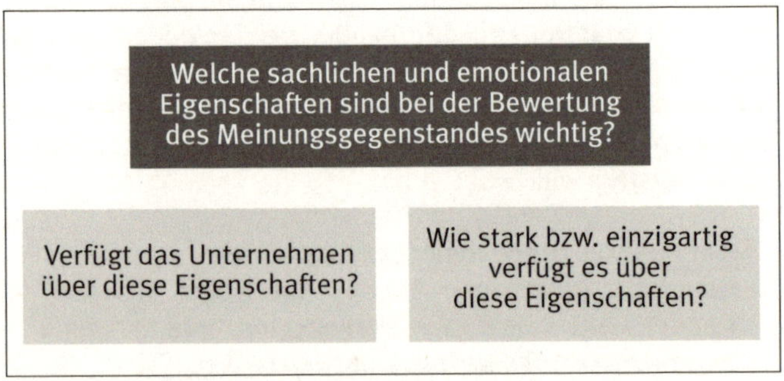

Abb. 6.12: Entstehen von Images

Images und Einstellungen

Images sind somit Einstellungen sehr ähnlich. Einstellungen sind relativ dauerhafte Haltungen gegenüber einem Meinungsgegenstand. Der Unterschied ist, dass Images mehrdimensional sind, Einstellungen eindimensional.

Images entstehen in den Bezugsgruppen

Entscheidend ist, dass Images subjektiv sind: Das Vorstellungsbild entsteht einzig in den Bezugsgruppen. Daher können auch nur sie darüber Auskunft geben, welches Vorstellungsbild vom Unternehmen sie haben.

KONSEQUENZ FÜR IHR CIM: Images entscheiden über Ihren Unternehmenserfolg, denn die Leistung Ihres Unternehmens kann zwar besser sein als die der Konkurrenz; wenn dies aber Ihre Bezugsgruppen nicht genauso sehen, ist Ihr Wettbewerbsvorteil wirkungslos. Anstatt das objektiv beste Unternehmen zu wählen, wählen diese das subjektiv beste! Essenziell für Ihr CIM ist daher, die Vorstellungsbilder Ihrer Bezugsgruppen zu kennen und diese Vorstellungsbilder gezielt zu entwickeln.

ERGRÜNDEN SIE DAS VORSTELLUNGSBILD, DAS IHRE BEZUGSGRUPPEN VON IHREM UNTERNEHMEN HABEN. GESTALTEN SIE DIESES BILD SYSTEMATISCH UND LANGFRISTIG!

Gewichtige Gefühle

Emotionen werden für das Image wichtiger

Als sich Produkte noch deutlich anhand von objektiven Merkmalen unterschieden, spielten Informationen bei der Bewertung des Meinungsgegenstandes die entscheidende Rolle. Mittlerweile sind Produkte und Leistungen austauschbar geworden. Die Folge ist, dass die Konsumenten sich immer weniger für Informationen interessieren (*„Die Produkte sind doch ohnehin alle gleich!“*).

Stattdessen wird die Gefühlswelt der Bezugsgruppen entscheidend für die Bewertung des Unternehmens (siehe ausführlich Kap. 6.5). Dies zeigt zum Beispiel die sehr aufwändig gestaltete Werbung der Autoindustrie, die vor allem die Gefühlswelt der Verbraucher anspricht.

WETTBEWERBSVORTEILE LASSEN SICH OFT NUR NOCH DADURCH ERREICHEN, DASS EIN UNTERNEHMEN ANDERE GEFÜHLE ANSPRICHT ALS SEINE KONKURRENZ!

Bei Images geht es also auf der Sachebene um Informationen über das Unternehmen und seine Wettbewerber; auf der Beziehungsebene geht es um Gefühle wie Vertrauen, Verständnis, Glaubwürdigkeit und Sympathie.

Inhaltliche und bildliche Vorstellungen

Die Vorstellungen vom Unternehmen können inhaltlich sein, bildlich oder beides: Zum Beispiel ist BMW verbunden mit der inhaltlichen Vorstellung von sportlichem Fahren und bildlich mit dem Firmenlogo. Fehlen solche Vorstellungen oder sind sie unklar, kann das Unternehmen profillos wirken.

6.4.2 Komponenten

Images haben mehrere Komponenten

Das Image setzt sich aus folgenden Komponenten zusammen:

- WAHRGENOMMENE EIGNUNG DES UNTERNEHMENS ZUR BEFRIEDIGUNG INDIVIDUELLER BEDÜRFNISSE: Wie gut erfüllt das Unternehmen aus Sicht der Bezugsgruppen deren Wünsche und Erwartungen?
- EINZIGARTIGKEIT DER VORSTELLUNGEN, DIE MIT DEM UNTERNEHMEN VERBUNDEN SIND: Was macht das Unternehmen aus Sicht der Bezugsgruppen einzigartig?
- STÄRKE UND GENAUIGKEIT DER MIT DEM UNTERNEHMEN VERBUNDENEN GEDANKENVERKNÜPFUNGEN (ASSOZIATIONEN): Wie stark (intensiv) und fest umrissen sind die Gedankenverknüpfungen der Bezugsgruppen mit dem Unternehmen?

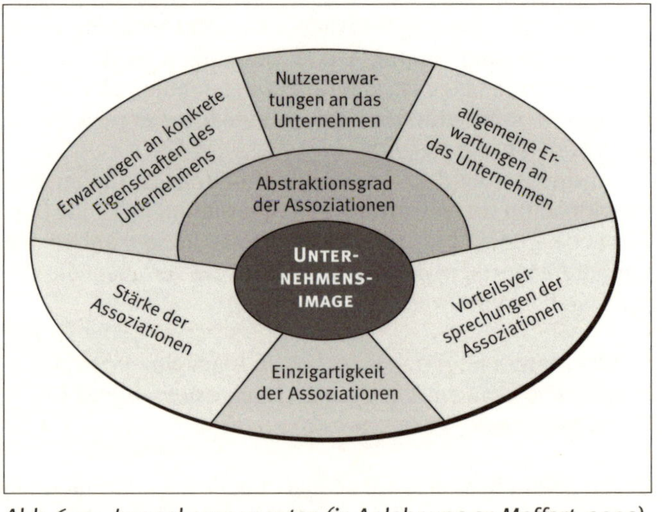

Abb. 6.13: Imagekomponenten (in Anlehnung an Meffert, 2002)

Die Genauigkeit der Gedankenverknüpfungen lässt sich weiter unterteilen:

- Von der Bezugsgruppe mit dem Unternehmen assoziierte Eigenschaften, wie zum Beispiel die äußeren Merkmale Ihres Unternehmens, dessen typische Mitarbeiter etc.
- Art der Assoziationen (emotional oder sachlich-rational) beziehungsweise die Art des von den Bezugsgruppen subjektiv erwarteten Nutzens (Grund-, Zusatz-, Geltungsnutzen, beziehungsweise Funktions-, Erfahrungs- und Symbolnutzen).
- Übergreifende, wertende Globalüberzeugungen über das Unternehmen, wie zum Beispiel dessen Legitimation.

6.4.3 Eigenschaften

Komplexe Gebilde

Es scheint einfach zu sein, das angemessene Vorstellungsbild von seinem Unternehmen aufzubauen – ist es aber nicht!

Der CI-Experte Antonoff schreibt: *„Machen Sie sich ein Bild davon – das klingt so alltäglich, und doch ist es die Aufforderung zu einem komplizierten psychologischen Prozess. Sein Resultat ist die Entstehung des Images.“* (Antonoff, 1975, Seite 31).

Images sind komplexe Gebilde:

Gezielt und dauerhaft informieren

- JE MEHR INFORMATIONEN VORLIEGEN, DESTO BREITER UND ZUVERLÄSSIGER IST DAS IMAGE: Viele Informationen lassen Vorstellungsbilder mit vielen Fassetten entstehen. Liegen nur wenige Informationen vor, bildet sich ein schlichtes, oft zu einfaches Bild. Dennoch sollte das CIM nicht möglichst viel informieren, sondern gezielt und dauerhaft, ohne dabei Widersprüche zu verursachen.
- IMAGES ENTSTEHEN SCHNELL, ABER SIE FESTIGEN SICH LANGSAM: Anfangs reicht eine einzige neue Information aus, damit sich das Image ändert. So kann ein neues Unternehmen als erfolgreicher Aufsteiger gelten, bis die ersten schlechten Bilanzen bekannt werden.

  Aus Medienerfahrung muss Alltagserfahrung werden

  Dieses Wissen (Medienerfahrung) muss sich in der Praxis beweisen (Alltagserfahrung), um dauerhaft zu sein. Sie brauchen daher einen langen Atem, wenn Sie nicht Schnellschüsse produzieren wollen, die schnell verpuffen.

  Erstellen Sie ein kurz-, mittel- und langfristiges Konzept, wie Sie Ihr gemeinsames Selbstverständnis in den kommenden Jahren gestalten werden. Dieses Konzept hat den Vorteil, dass aus ihm alle Beteiligten ihre Entscheidungen ableiten können, damit ein einzigartiges, starkes und widerspruchsfreies Image entsteht (ausführlich Kap. 4).

- IMAGES SIND NIE STARR: Images können stabil sein, aber sie sind nie starr: Selbst ein Unternehmen, das jahrelang als vertrauenswürdig und sozial galt, kann schlagartig ein negatives Image erzeugen, wenn die Massenmedien schlechte Arbeitsbedingungen aufdecken.
- IMAGES WIRKEN SELEKTIV: Gelingt es, jene für eine Bezugsgruppe wichtigste Eigenschaft gut zu profilieren, nimmt sie weniger günstig beurteilte Dimensionen hin (Halo-Effekt): Ist für einen Stellensuchenden die Bezahlung wichtig, nimmt er das angestaubte Unternehmensimage in Kauf.

FINDEN SIE HERAUS, WAS IHREN BEZUGSGRUPPEN WICHTIG IST UND PROFILIEREN SIE DIESE EIGENSCHAFT IHRES UNTERNEHMENS KRAFTVOLL!

Brüche in der Wahrnehmung der Unternehmenspersönlichkeit vermeiden

- IMAGES SIND GANZHEITLICH: Images sind das Ergebnis vielfältiger Informationen und Eindrücke, die aus der Wahrnehmung von Design, Kommunikation und Verhalten entstehen. Nimmt die Bezugsgruppe diese Elemente nicht widerspruchsfrei als Ganzes wahr, können Brüche in der Wahrnehmung der Unternehmenspersönlichkeit entstehen: Es ist, als ob eine Ente wie eine Ente aussieht und wie eine Ente watschelt, aber wie ein Hund bellt (Meffert).

  Um dies zu vermeiden, legt ein Konzept für alle Beteiligten nachvollziehbar fest, welche Unternehmenspersönlichkeit aufgebaut werden soll und welchen Beitrag die Beteiligten hierzu leisten sollen (siehe Kap. 7).
- IMAGES ENTSTEHEN AUS UNTERSCHIEDLICHEN QUELLEN: Vorstellungsbilder entstehen meist nicht aus den Quellen des Unternehmens allein, sondern sie sind auch – und vielfach sogar stärker – durch Familie und Freunde geprägt, durch soziale Gruppen (zum Beispiel Sportverein), Massenmedien, Institutionen (Banken, Versicherungen etc.), Vereine und Verbände. Ergibt die Recherche, dass diese Quellen das Image der Bezugsgruppe stark beeinflussen, sollten Sie diese im CI-Konzept berücksichtigen (siehe Kap. 7).

CIM kann Vorstellungen ändern

Imagegestaltung durch CIM

Das CIM kann folgende Beiträge zur Gestaltung des Unternehmensimages leisten:

- NEUE GEDÄCHTNISSTRUKTUREN AUFBAUEN, wie im Falle neuer Unternehmen, für die es bisher kein Vorstellungsbild gab.
- VORHANDENE GEDÄCHTNISSTRUKTUREN STÄRKEN ODER VERTIEFEN, indem das CIM Inhalte erlebbar macht, die schon im Gedächtnis der Bezugsgruppen verankert sind.
- ALTE GEDÄCHTNISSTRUKTUREN ÜBERSCHREIBEN ODER LÖSCHEN, indem zum Beispiel die Kundennähe herausgestellt wird, weil das Unternehmen eher als distanziert galt.
- VORHANDENE GEDÄCHTNISINHALTE ERWEITERN: Die Bezugsgruppen lernen neue Eigenschaften des Unternehmens kennen, wie dessen Dialogfähigkeit.

6.4.4 Image und Verhalten

Images können Verhalten steuern

Haben die Bezugsgruppen ein gutes Image vom Unternehmen, werden sie sich ihm gegenüber eher positiv verhalten, zum Beispiel durch Produktkauf. Dagegen führt ein schlechtes Image eher dazu, dass sich die Bezugsgruppen negativ verhalten, zum Beispiel durch Ablehnung und Proteste.

Zusammenhang von Image und Verhalten

Dem Zusammenhang von Image und Verhalten im Vergleich mit anderen Unternehmen kann folgende Wirkungskette nachgehen:

- BEKANNTHEIT: Das Unternehmen muss ins Bewusstsein der Bezugsgruppen dringen. Das Unternehmen muss bekannt sein, damit ein Image entstehen kann.
- SYMPATHIE: Die Bezugsgruppen sollen das Unternehmen sympathisch und begehrenswert finden.
- HANDLUNGSBEREITSCHAFT: In diesem Stadium prüft die Person, ob sie zu einem bestimmten Verhalten bereit ist.
- HANDELN: Dieses Kriterium beantwortet die Frage, wie viele der Personen aus der Bezugsgruppe wie beabsichtigt handeln. In der Praxis besteht hier oft eine große Diskrepanz: Das Unternehmen ist zwar bekannt und sympathisch, wird aber nicht in Anspruch genommen.

Je nach Verhältnis der Faktoren zueinander lässt sich das CIM gezielt optimieren: Warum ist das Unternehmen zwar bekannt, aber es gilt nicht als sympathisch? Warum gilt das Unternehmen als sympathisch, aber keiner will sich dort bewerben?

6.5 Emotionale Ansprache

6.5.1 Bedeutung

Die Ansprache der Gefühlswelt der Bezugsgruppen ist wichtiger geworden

In den vergangenen Jahren ist die emotionale Ansprache der Bezugsgruppen des Unternehmens wichtiger geworden.

Einige Gründe (siehe auch Kap. 1):

- EMOTIONEN IM MARKT: Konsumenten interessieren sich immer weniger für Informationen, da sie mit Informationen gedanklich überlastet sind und Unternehmen und Produkte für austauschbar halten. Der Aufbau und die Entwicklung einer Gefühlswelt, die mit dem Unternehmen verbunden und den Bezugsgruppen angemessen ist, stellt sich zunehmend als einziges Unterscheidungskriterium und damit entscheidender Wettbewerbsfaktor heraus, wie das Beispiel der Automobilindustrie zeigt.
- EMOTIONEN IM UNTERNEHMEN: Gefühle setzen Energie frei, die den Mitarbeiter zufrieden stellen und die das Unternehmen nutzen kann, um seine Leistung zu steigern. In den vergangenen Jahren hat für die meisten Mitarbeiter die Arbeitslast enorm zugenommen, nicht jedoch der Spaß und die Befriedigung durch die Arbeit. Hier kann die Ansprache der Gefühlswelt der Mitarbeiter dazu beitragen, die Zufriedenheit mit der Arbeit und die Identifikation mit dem Unternehmen zu steigern.
- EMOTIONEN IN DER GESELLSCHAFT: Sachlich-rationale Werte haben sich in den vergangenen Jahren deutlich verschoben hin zu emotionalen Werten. Disziplin und Entsagung treten zurück zugunsten von Spaß und Erlebnis, zum Beispiel in Form von Sport, Reisen und Wellness.

Selbst in der Investitionsgüterindustrie, in der bisher fast immer Informationen entscheidend waren, wird die Beachtung der Gefühlswelt der Beteiligten immer wichtiger. Die Praxis des CIM hat diese eindeutigen Trends bisher zu wenig aufgenommen und berücksichtigt.

Emotionen und Stimmungen

Sympathie ist eine ungerichtete Emotion

Wenn im CIM überhaupt von der Gefühlswelt der Bezugsgruppen gesprochen wird, dann als Aufgabe, deren Sympathie für das Unternehmen zu erhöhen.

Hierbei sollten Sie beachten:

- Sympathie ist eine Stimmung. Stimmungen sind UNGERICHTETE EMPFINDUNGEN. Sie sind schwächer als Emotionen.
- Emotionen sind EINDEUTIG AUSGERICHTET, wie zum Beispiel Stolz, Ängstlichkeit, Freude, Ärger, Glück, Frische, Behaglichkeit.

Stimmungen sind diffus und schwach

Anders ausgedrückt: Stimmungen sind diffus und schwach. Aus Sicht des professionellen CIM können für die Gestaltung der Sympathie jene Instrumente dienen, die eine Atmosphäre erzeugen, die positiv auf die Bewertung des Unternehmens durch die Bezugsgruppen wirkt. In diesem Fall vermitteln sie keine spezifischen Emotionen. Ergebnis könnte sein, das Unternehmen „nett" zu finden. Aber:

SYMPATHIE IST KAUM GEEIGNET, SICH EINDEUTIG UND DAUERHAFT GEGENÜBER ANDEREN UNTERNEHMEN ABZUGRENZEN!

Welche einzigartigen Gefühle sollen die Bezugsgruppen mit Ihrem Unternehmen verbinden?

Stattdessen bestimmen Sie sorgfältig jene einzigartigen Gefühle, die die Bezugsgruppen mit Ihrem Unternehmen verbinden sollen: Als Dienstleister könnten Sie Geborgenheit vermitteln, als Anbieter von Kreditkarten Freiheit. Ihr Unternehmen könnte als gemütlich, behaglich, entspannend, erholsam oder heimisch beschrieben werden. Diese Gefühle sollten Sie in allen Instrumenten Ihres CIM angemessen umsetzen (siehe Kap. 6.3).

VERMITTELN SIE IHREN BEZUGSGRUPPEN STARKE UND EINZIGARTIGE GEFÜHLE, DIE MIT IHREM UNTERNEHMEN VERBUNDEN SIND!

Ausgeprägte Gefühle

Gefühle haben Ausprägungen

Emotionen haben unterschiedliche Ausprägungen: Freude kann zum Beispiel Glück, Helligkeit, Lachen umfassen. Behaglichkeit kann Geborgenheit bedeuten, aber auch Wärme und menschliche Nähe.

Kroeber-Riel hat mögliche Gefühlsdimensionen einer Bank aufgelistet (Kroeber-Riel, 1995):

- Aktiv sein
- Sachlichkeit
- Leistung (Erfolg)
- Ausgewogenheit
- soziale Potenz
- Geborgenheit
- Umwelt und Gesundheit
- Lebensfreude
- Attraktivität

Jede dieser Erlebnisdimensionen lässt sich weiter nach Erlebnisclustern und Einzelerlebnissen verfeinern. Die Gefühlsdimension „soziale Potenz" einer Bank lässt sich so auffächern:

Prestige
- Ansehen
- Anerkennung
- Reichtum
- Gold
- Einfluss

Kultur
- Kennerschaft
- Kunst
- Bildung
- Geschmack
- Ästhetik

Gebündelte Gefühle

Erlebnisse als Bündel von Emotionen

Mehrere Gefühle bündeln sich zu Erlebnissen. Sollte also Ihr Unternehmen mit mehreren Emotionen verbunden sein, ist es sinnvoll, diesen Emotionen-Mix festzulegen und abzugrenzen.

Bestimmen Sie, welche Gefühle relevant sind und gewichten Sie diese Gefühle. Dies hat folgende Vorteile:
- Klarheit: Sie werden sich über die relevanten Emotionen klar.
- Umsetzung: Sie können je nach Maßnahme entscheiden, welche Emotionen sie ansprechen und in welcher Intensität, zum Beispiel auf einem Event.
- Dramaturgie: Dies erleichtert Ihnen die Dramaturgie und die Langfristplanung, indem Sie Abwechslung schaffen und so das Interesse Ihrer Bezugsgruppen an Ihrem Unternehmen halten können.

Die herausragende Wirkung von Emotionen gründet in der multimodalen Ansprache aller Sinne: Sehen, Hören, Riechen, Fühlen und Schmecken.

Nach Oliver Nickel wäre etwa der Emotionen-Mix am Beispiel der Marke FA folgender (Oliver Nickel, 1998):

- frisch (30 %)
- karibisch (30 %)
- natürlich (20 %)
- wild (10 %)
- erotisch (10 %)

6.5.2 Sinnliches Erleben des Unternehmens

Appelle an die Gefühlswelt

Die zunehmende Bedeutung der Gefühlswelt der Bezugsgruppen wird dazu führen, dass das CIM die Ansprache aller Sinne einbeziehen muss:

DIE FRAGE WIRD WICHTIG, WIE DIE UNTERNEHMENSPERSÖNLICHKEIT ALLE SINNE ANSPRECHEN KANN. DIES ERMÖGLICHT UNTERSCHEIDUNG IM WETTBEWERB!

Einer der Forscher, die sich hiermit für die Markenführung beschäftigt haben, ist Richard Linxweiler. Dessen Erkenntnisse, die sich auf die Markenführung beziehen, möchte ich im Folgenden auf Unternehmen übertragen.

Steuerung der Gefühle

Informationen werden über die Sinnesorgane aufgenommen und an das Gehirn zum Verarbeiten weitergeleitet.

Das Gehirn verarbeitet die Reize in unterschiedlichen Bereichen:

- LINKE GEHIRNHÄLFTE: Sie ist für die sprachlich-logische Reizverarbeitungen zuständig.
- RECHTE GEHIRNHÄLFTE: Sie verarbeitet die nichtsprachlich-emotionalen Reize.

Verarbeitung durch rechte Gehirnhälfte

Die Hemisphärenforschung zeigt, dass die rechte Hemisphäre wesentlich leistungsfähiger ist, indem sie Reize schneller, gleichzeitig und automatisch verarbeitet, große Speicherkapazität hat und keiner gedanklichen Kontrolle ausgesetzt ist. Dagegen ist die linke Hälfte langsamer, sie verarbeitet

Informationen sequenziell, sie hat weniger Speicher und wird gedanklich kontrolliert.

Effiziente Reizverarbeitung

Am effizientesten werden Reize durch Doppelkodieren verarbeitet, also durch Kombination von sprachlichen und nichtsprachlichen Reizen. Sie sprechen sowohl die linke als auch die rechte Hirnhälfte an. Multisensuale Reize werden im Hirn als innere Gedächtnisbilder repräsentiert, so genannte „Imageries".

Innere Gedächtnisbilder

Als Imageries können nicht nur visuelle Reize, sondern auch andere Reize angesehen werden, zum Beispiel Akustikreize und Geruchsreize. So haben Forscher versucht, das akustische Image von Ländern zu ermitteln, indem sie die Testpersonen aufgefordert haben, Ländern Musikstücke zuzuordnen. Vielen ist das Akustiklogo der Telekom, das akustische Markenbild von Bitburger Bier (*„Stay a little bit longer"*) und Becks Bier (*„Sail away"*) gut im Gedächtnis sowie das typische grüne Segelschiff der Marke Becks.

Folgende Abbildung gibt einen Überblick über die Zeichenmodalitäten und zeigt, wie diese über die Sinnesorgane aufgenommen werden können:

	Sehen	Riechen	Schmecken	Hören	Tasten/Hautempfinden	Gleichgewicht
Material/Substanz *(Konsistenz, hart – weich etc.)*	●	•	•	•	●	
Form	●				●	
Farbe/Licht	●				•	
Räumlichkeit *(oben – unten etc.)*	●			•	●	●
Bewegung *(Richtung, Vibration etc.)*	●			•	•	
Temperatur	•	•	•		●	
Duft		●	●			
Klang				●	•	

Abb. 6.14: Reize und deren Aufnahme durch die Sinne (Linxweiler, 1999)

Die Gestaltpsychologie weist darauf hin, dass Unternehmen ganzheitlich wahrgenommen werden und sich hierdurch Synergien ergeben, nach Aristoteles: *„Das Ganze ist mehr als die Summe seiner Teile“*. Die Wirkungen der Äußerungsformen von Unternehmen wie Name, Farbe, Gebäude sollten Sie in ihrem jeweiligen Zusammenhang und im Zusammenspiel betrachten, damit sich keine unerwarteten und nicht vorhersehbaren Wechselwirkungen und Widersprüche ergeben.

Sehen

Wichtigster Sinn

Das menschliche Auge hat sich zum wichtigsten Sinn entwickelt: Der Mensch nimmt drei Viertel seiner Sinneseindrücke über das Auge auf. Diese Vorherrschaft des Auges mit ihren Chancen, aber auch Grenzen, schlägt sich in der Sprache nieder – vor allem in Sprichwörtern, Redewendungen und allgemein üblichen Metaphern, wie die vom *„Auge, das einem übergeht“*.

Beispiele für Sehreize

Unternehmen nutzen dies und inszenieren das Sehen ihrer Bezugsgruppen, zum Beispiel durch ausgefallene Lichteffekte auf Modenschauen und das Feuerwerk auf einem Event.

Möglichkeiten der optischen Unternehmenspräsentation

Nutzen auch Sie die optimale Gestaltung von Licht für Präsentationen Ihres Unternehmens und seiner Leistungen:

- Lassen Sie Ihr Gebäude interessant anstrahlen: Projizieren Sie Ihr Unternehmenslogo auf den Bürgersteig vor Ihrem Laden.
- Gestalten Sie Räume optisch attraktiver: Stellen Sie interessant beleuchtete Ausstellungskästen mit attraktiven Fotos am Eingang Ihres Unternehmens auf.
- Einige Agenturen bieten computergesteuerte Licht- und Lasershows an, die Produkte herausheben und ins optimale Licht rücken: Warum lassen Sie also nicht Ihr neuestes Produkt mit einer computergesteuerten Lasershow an die Wand projizieren? Warum nicht die hervorstechenden Merkmale eines Verkaufsschlagers durch optimale Lichteffekte betonen – vielleicht sind es ja die Konturen eines neuen Automodells?
- Setzen Sie auch die Möglichkeiten der Holographie und der 3-D-Gestaltung ein, nach der Sie ein Produkt räumlich erscheinen lassen können. Ihrer Phantasie sind keine Grenzen gesetzt.

Einer der wichtigsten Aspekte des Sehens sind Bilderwelten, die sehr stark wirken (siehe Kap. 6.5.3).

Die Summe aus verschiedenen Sinneseindrücken verstärkt die Erinnerungsleistung:

Abb. 6.15: Multimodale Ansprache festigt Sinneseindrücke

Hören

Akustische Unternehmenspersönlichkeit

Weit weniger als das Sehen nutzen Unternehmen das Hören ihrer Bezugsgruppen, um einen nachhaltigen Eindruck zu erzeugen. Seien Sie einen Schritt voraus: Prüfen Sie, welche Geräusche mit Ihrem Unternehmen verbunden sein sollen und welche Ihre Unternehmenspersönlichkeit charakterisieren. Setzen Sie diese Geräusche gezielt ein.

Hier einige Beispiele:

- Das eigens für das Unternehmen komponierte Lied können Sie vielfältig einsetzen, zum Beispiel für die Telefonschleife und auf Messen (Beispiel: Henkel).
- Schaffen Sie akustische Szenen, indem Sie Geräusche kombinieren und auf Events gezielt einsetzen.
- Ein Akustiklogo ermöglicht schnelles Erkennen und die lebendige Erinnerung an Ihr Unternehmen, wie Sie es von Akustikbildern in der Werbung kennen.

Akustikgesetze

Beachten Sie beim Einsatz die Akustikgesetze, wie das Gesetz der Ähnlichkeit von Tönen, die als zusammengehörig wahrgenommen werden oder das Gesetz der guten Verlaufsgestalt von Tönen bzw. das Gesetz der Erfahrung und das Gesetz des Gedächtnisschemas für Melodien.

Riechen und Schmecken

Unternehmen können duften

Welches Unternehmen verbinden Sie spontan mit einem bestimmten, angenehmen Geruch? Und mit einem einzigartigen Geschmack?

Wenn die Gefühlswelt Ihrer Bezugsgruppen immer wichtiger wird, sollten Sie auch diese Sinne in Ihrem CIM berücksichtigen.

DRÜCKEN SIE IHRE UNTERNEHMENSPERSÖNLICHKEIT DURCH EINEN SPEZIFISCHEN GERUCH AUS!

Emotionale Torwächter des Körpers

Geruchssinn und Geschmackssinn werden als starke emotionale Torwächter des Körpers bezeichnet. Sie dienen dazu, solche Substanzen zu erkennen und dem Hirn zu melden, die vorteilhaft oder nachteilig für den Körper sind: Gefährliche Stoffe schmecken und riechen oft unangenehm, nützliche Dinge riechen oft angenehm.

Duftbilder werden im Marketing schon sehr wirkungsvoll eingesetzt. Dagegen sind Unternehmen bisher kaum mit bestimmten angenehmen Gerüchen verbunden. Einige Beispiele für deren Anwendung:

Beispiele für Geruchsreize

- Das MÖVENPICK HOTEL in Frankfurt Oberursel verströmt angenehme Düfte – schon an der Rezeption kann der Gast erfahren, was er in welchen Räumen riechen kann.
- In alten Wiener Kaffeehäusern werden die Dielenböden morgens vor Geschäftsöffnung mit frisch gemahlenem Kaffee bestreut, der mit dem Besen in die Ritzen gekehrt wird. So wird schon der erste Gast am Morgen mit dem wohligen Aroma frischen Kaffees empfangen.
- Neue Zerstäubertechniken, kombiniert mit raffinierten Luftbefeuchtern und Klimaanlagen bringen dezente natürlich anmutende Düfte in Wohnungen, öffentliche Gebäude, Büros und Supermärkte. Manche Düfte wirken anregend, andere entspannend.

Es gibt viele weitere Möglichkeiten für den Einsatz von Düften für die Vermittlung der Unternehmenspersönlichkeit – angefangen vom Eau de Toilette der Mitarbeiter und Kundenberater, Duft auf Messeständen, in Besprechungsräumen bis hin zu duftenden Broschüren und Geschenkartikeln.

Tasten

Wie fühlt sich Ihr Unternehmen an?

Wie fühlt sich Ihr Unternehmen an? Ist diese Frage nicht erforderlich, um Veranstaltungen wie Events und Tage der offenen Tür zu organisieren? Reize, die durch Tasten entstehen, sind zum Beispiel Druck, Wärme, Kälte, Hautdehnung/Gelenkdehnung, Stellung der Gliedmaßen, Schmerz, Temperatur oder Vibration. Welcher dieser Reize passt zu Ihrem Unternehmen?

Viele Marken sprechen den Tastsinn an

Im Marketing vieler Markenprodukte wird deren Wirkung auf die Hautwahrnehmung bedacht; sicherlich im Fall von Hautcremes, aber auch bei Zahnbürsten, Gebrauchsgegenständen, Kleidung. Durch Tasten erfährt der Konsument viel über die Beschaffenheit des Gegenstands – ob er rau, glatt, heiß, kalt, rund, eckig, weich, hart, groß, klein, ist etc.

Beispiele für Tastreize

Hier einige Beispiele, wie Sie den Tastsinn Ihrer Bezugsgruppen im Rahmen Ihres CIM ansprechen können:

- Material Ihrer Kommunikationsmittel, wie Visitenkarten, Broschüren.
- Geschenkartikel, die danach ausgesucht werden, wie sie sich anfühlen (rund, eckig, weich, hart etc.)
- Möbel: In welchen Möbeln sitzt der Besucher?

Beispiele für Erlebniswelten aus der Werbung

Hier einige Beispiele für Erlebniswelten aus der Werbung, die alle Sinne ansprechen (nach Oliver Nickel, 1998):

Erlebniswelt BATIDA

- Brasilianische Exotik und Erotik
- Brasilianische Musik
- Sand, Palmen, Kokosnüsse
- Braun gebrannte, dunkelhaarige Brasilianerinnen

Erlebniswelt CLIFF

- Felsen
- Springer
- Karibische Wasserwelt

Erlebniswelt FREIXENET

- Spanien und andalusische Kultur
- Wärme
- Dunkelhaarige Frau

- Hengst
- Flamenco-Musik
- Typische Kleidung
- Typische Architektur
- Gerüche
- Farbcodes rot-gelb und rot-schwarz

Erlebniswelt FULDA REIFEN
- Sprachlich: *„Schwarz - Breit - Stark“* in der Anzeigenwerbung
- Visuell: Farbe schwarz in der Anzeigenwerbung, auf den Promotionfahrzeugen oder bei Events
- Akustisch: Musik in TV-Werbung oder bei den Events
- Olfaktorische und haptische Merkmale: typischer Gummigeruch von neuen Reifen oder typischer Eindruck beim Betasten von Gummimaterial oder Reifenprofil

6.5.3 Bilderwelten

6.5.3.1 BEDEUTUNG

Starke und einzigartige Bilderwelten werden in den kommenden Jahren wesentlich den Erfolg des CIM bestimmen. Gründe hierfür sind die zunehmende Informationsüberlastung der Menschen sowie deren generell nachlassendes Interesse an Informationen (siehe Kap. 1). Attraktive Bilderwelten werden in den visuell ausgerichteten Bereichen Mode und Automobile geradezu erwartet.

Abb. 6.16: Bilderwelten von BACARDI

Eine Marke und ihre Bilderwelt: Die Milka-*Kuh von* Kraft

In der Werbung gibt es schon viele erfolgreiche Beispiele für strategische Bilderwelten, wie zum Beispiel Milka und Marlboro. Zu Bacardi gehören brasilianische Musik, Sand, Palmen, Kokosnüsse und braun gebrannte, dunkelhaarige Brasilianerinnen, die das Markenerlebnis in brasilianische Exotik und Erotik umsetzen.

Aber welche starken und einzigartigen inneren Bilder entstehen in Ihnen spontan, wenn Sie an Microsoft, General Electric, eBay, Google, AOL etc. denken?

Im CIM gibt es nur wenige Beispiele für die prägnante Gestaltung von Bilderwelten, wie im Fall des Bekleidungsunternehmens Bennetton und dem Alpirsbacher Klosterbräu. Ein schlechtes Beispiel gibt die Autoindustrie ab, die bislang lediglich die Fahrzeugmodelle in aufwändigen Werbefilmen zeigt, die schnell wechseln.

plantage*

Herausragend ist die Bilderwelt der Berliner Kreativagentur plantage*, die eine natürliche, traditionelle Herangehensweise vermitteln soll:

- „Plantage" steht für die Nähe zu natürlichen, organischen Strukturen und Abläufen.
- Begriffe wie „Bodenprobe", „sähen", „wachsen", „pflanzen", „ernten" stehen für festgelegte Arbeitsabläufe.
- Formulierungen wie „Draußen auf dem Feld ackern…" oder „ein Erntedankfest feiern" vermitteln ehrliches, menschliches Handwerk und traditionelle Schaffenskraft.
- „Himmel", „Felder" und der „Horizont" stehen für Weite, Tiefe und die Visionskraft der plantage*.
- Das Logo symbolisiert Bewegung, Offenheit, eine Idee (Samen, Blüte etc.).
- Das Unternehmensmotto (Claim): *„What you seed is what you get"* bündelt diese Aspekte und drückt den menschlich-strategischen Anspruch aus.

Wichtig war den Gründern zum einen, dass sich auf den Feldern der plantage* alle Mitarbeiter zu Hause fühlen (Innenwirkung); zum anderen soll die einzigartige Bilder- und Emotionenwelt die Agentur kraftvoll bei den Kunden profilieren (Außenwirkung).

Damit eine starke, einheitliche Bildsprache entsteht, sind sämtliche Gestaltungselemente wie Name, Logo, Designs,

Bildsprache, Textsprache und sogar Audiogeräusche auf die Schlüsselidee abgestimmt.

*Abb. 6.17: Gestaltungselemente der PLANTAGE**

6.5.3.2 EIGENSCHAFTEN

Die Verarbeitung von Bildern unterscheidet sich gravierend von der Verarbeitung von Texten. Der Grund ist, dass Bilder von der rechten Gehirnhälfte aufgenommen und verarbeitet werden, die für die Gefühlswelt des Menschen zuständig ist. Für Texte ist dagegen die linke Gehirnhälfte zuständig, die das sachlich-rationale, logische Denken steuert.

Gravierender Unterschied zu Texten

Dieser Unterschied hat gravierende Konsequenzen:

- WAHRNEHMUNG: Bilder werden schneller und ganzheitlicher wahrgenommen als Texte. Der Marketingexperte Werner Kroeber-Riel drückt dies so aus: „Bilder sind schnelle Schüsse ins Gehirn!"
- AKTIVIERUNG: Bilder aktivieren stärker als Texte und werden daher schneller aufgenommen und verarbeitet.
- REIHENFOLGE: Durch die höhere Aktivierung werden Bilder vor Texten betrachtet (Bilddominanz). Der Betrachter empfindet ein Bild meist interessanter als einen Text und bevorzugt es deshalb bei der Informationsaufnahme.

Bilddominanz

Zum Beispiel verteilt sich die Betrachtungszeit einer Anzeige wie folgt: 76 Prozent Bild, 16 Prozent Überschrift, acht Prozent Text.

BILDER WERDEN SOWOHL VON STARK INVOLVIERTEN ALS AUCH VON WENIG INVOLVIERTEN MENSCHEN BEVORZUGT!

- AUFNAHME: Die Inhalte eines Bildes werden gleichzeitig bzw. ganzheitlich erfasst, während Texte schrittweise (linear) aufgenommen werden.
- VERARBEITUNG: Bilder werden schneller, automatisch und mit geringer gedanklicher Beteiligung aufgenommen und verarbeitet: Um ein Bild mittlerer Komplexität so aufzunehmen, dass es später erinnert wird, sind 1,5 bis zwei Sekunden erforderlich. In derselben Zeit kann lediglich ein Satz mit einer Länge von sieben bis zehn Wörtern aufgenommen werden. Durch die geringe oder fehlende gedankliche Verarbeitung ist zu erklären, warum wir Produkte kaufen, deren Werbung wir unter Einschaltung unseres Verstands eigentlich scheußlich finden. Das bedeutet auch, dass Bilder, die dem Empfänger gefallen, automatisch und unkontrollierbar emotionale Haltungen hervorrufen können.
- GEDÄCHTNIS: Bilder werden besser erinnert als Texte, denn die höhere Aktivierung des Gehirns stimuliert das langfristige Erinnern. Untersuchungen haben gezeigt, dass Konsumenten sogar die Hutkrempe des Cowboys aus der MARLBORO-Werbung beschreiben können.
- ERLEBNIS: Bilder eignen sich besser als Texte zur Vermittlung emotionaler Erlebnisse.
- VERHALTEN: Durch die erhöhte Aktivierung können Bilder nachhaltig auf das Verhalten wirken.

Zu den Grenzen von Bildern gehört, dass abstrakte Wörter wie z. B. „Moral“ nur sprachlich verarbeitet werden können.

6.5.3.3 TECHNIKEN UND MOTIVE

Die Bilderwelt kann im Zusammenhang mit der Bezugsgruppe stehen, mit dem Gebrauch der Leistungen, dem Unternehmen selbst und den durch das Unternehmen ausgelösten Assoziationen. Die Bilderwelt kann kombiniert sein mit einem Motto, wie im Fall der WÜRTTEMBERGISCHEN LEBENSVERSICHERUNG

(*„Fels in der Brandung“*) als Ausdruck der soliden, zuverlässigen und vertrauenswürdigen Leistung.

Gegenständliche Motive wirken stark

Die Wirkung der Bilderwelten wird erhöht, wenn die Bilder gegenständlich sind. Beispiel ist die Bilderwelt von SCHWÄBISCH HALL (*„Auf diese Steine können Sie bauen“*). Abstrakte Zeichen können nur schwer gelernt und behalten werden.

Abb. 6.18: „Auf diese Steine können Sie bauen“ – Slogan von SCHWÄBISCH HALL

Konkrete Umsetzungen in Motive

Hier einige konkrete Umsetzungen in Motive

- MENSCHEN: Menschen sind in besonderer Weise für den Aufbau von Bilderwelten geeignet, denn sie transportieren in einzigartiger, komprimierter Weise die Unternehmenspersönlichkeit: Jene Werte, für die der Mensch steht, wird auf das Unternehmen übertragen – und umgekehrt. Beispiele sind Arthur „Addi“ Darboven und Onkel Dittmeyer.

  EIN UNTERNEHMEN SOLLTE EIN GESICHT WIE EIN MENSCH BESITZEN. NUR VON DEM KANN MAN SICH EIN BILD MACHEN, DER EIN GESICHT BESITZT. BILDER ODER UNTERNEHMENSGESICHTER SIND DAHER WICHTIGER DENN JE!

  Zum Beispiel gilt Richard Branson, Gründer von VIRGIN, als unkonventionell und als David, der gegen Goliath kämpft, wie im Fall der britischen Luftfahrtgesellschaft BRITISH AIRWAYS. Diese Eigenschaften überträgt er auf seine Unternehmen, von denen er mittlerweile über 200 besitzt. Der Erfolg des Unternehmens ist nicht zuletzt auch den vielen Medienauftritten von Branson zu verdanken, zum Beispiel im Rahmen seines Prozesses gegen BRITISH AIRWAYS und bei seinem spektakulären Versuch der Atlantiküberquerung mit einem Heißluftballon.

  Mit den Werten der Person kann sich die Bezugsgruppe identifizieren, weil sie deren eigenen Werten entspricht oder entsprechen sollte. Jedoch wirken sich Veränderungen bei den Menschen z.B. durch Skandale, Krankheit und Tod auch auf das Unternehmen aus.

Esso ist immer noch mit dem Tiger verbunden

Der Spürhund von LYCOS

- ANDERE LEBEWESEN: Tiere und andere Lebewesen eignen sich ebenfalls, um die Unternehmenspersönlichkeit zu vermitteln und dafür zu sorgen, dass ein starkes, einzigartiges inneres Bild vom Unternehmen entsteht. Beispiele sind Esso (*„Der Tiger im Tank“*), der Spürhund von LYCOS (Internet-Suchmaschine), der schwarze Hengst von FERRARI.

  Den Indianern dienten zum Beispiel Dachs, Adler und Berglöwe als Symbole ihrer Persönlichkeit. Der Dachs ist fleißig, der Adler steht für einen freien Geist, der Berglöwe symbolisiert Findigkeit und Führungstalent. Solche Grundmotive können Ihnen als Schlüsselbilder dienen, die den Kern Ihrer Unternehmensbotschaft darstellen. Wichtig ist, solche Symbole in eine komplexe Bilderwelt zu integrieren, die alle Sinne anspricht (siehe Kap. 6.5).
- SYMBOLE: Symbole sind Zeichen, die eine Bedeutung transportieren. Ein Beispiel für den Einsatz von Symbolen beim Aufbau von Bilderwelten ist die WÜRTTEMBERGISCHE LEBENSVERSICHERUNG (*„Ihr Fels in der Brandung“*).

Abb. 6.19: „Ihr Fels in der Brandung“ – Slogan der WÜRTTEMBERGISCHEN VERSICHERUNG

MÖGLICHE MOTIVE FÜR BILDERWELTEN

SPORT:	Bogenschütze, Gewichtheber, Hochspringer, Siegeslauf
NATUR:	Wasser, Erde, Himmel
NAUTIK:	Wasser, Leuchtturm, Boje, Quelle, Strömung, Mündung
WELTRAUM:	All, Sterne, Sonne
KULTUR:	Gemälde, Oper, Konzert
FAUNA:	Tiere, denen bestimmte Eigenschaften zugeschrieben werden

6.5.3.4 CHANCEN UND GRENZEN

Vorteile von Bilderwelten

Starke und einzigartige Bilderwelten bieten viele Vorteile:

- Sie können besonders gut erinnert werden, weil die Bilder und deren Bedeutung bereits gelernt sind und vom Unternehmen nur neu entsprechend seiner Unternehmenspersönlichkeit ausgelegt werden müssen.
- Komplexe Bilderwelten können spannende Geschichten erzählen, die die Bezugsgruppen immer neu faszinieren. Das Unternehmen kann so das Bedürfnis seiner Bezugsgruppen nach Abwechslung befriedigen, auch wenn diese mit dem Unternehmen grundsätzlich zufrieden sind.
- Die Bezugsgruppen können erkennen, dass die Lebenswelt des Unternehmens ihrer eigenen entspricht oder jener, die sie anstreben (Identifikation).
- Bilderwelten können multimedial umgesetzt werden, also in Printmedien, elektronischen Medien und in persönlicher Kommunikation.
- Bilderwelten können sämtliche Sinne ansprechen, also Sehen, Hören, Riechen, Schmecken und Tasten. Dieses multimodale Vermitteln verankert Ihre Botschaft nachhaltig.

REDUZIEREN SIE ALSO DIE VISUELLE GESTALTUNG IHRER UNTERNEHMENSPERSÖNLICHKEIT NICHT AUF EINE FARBE UND EIN LOGO – NUTZEN SIE STATTDESSEN DIE VIELFÄLTIGEN MÖGLICHKEITEN VON BILDERWELTEN!

Grenzen

Der Einsatz von Bilderwelten hat Grenzen:

- Zu den Gefahren gehört, dass die Bilderwelt nicht die Unternehmenspersönlichkeit transportiert, sondern lediglich als Blickfang dient, der von der eigentlichen Kommunikationsbotschaft ablenkt – die Bezugsgruppe erinnert sich an das Motiv, aber nicht an das Unternehmen.

STELLEN SIE IMMER DEN ZUSAMMENHANG ZWISCHEN MOTIV UND UNTERNEHMEN SICHER!

- Die Bildwelt allein garantiert nicht, dass sich das Unternehmen in den Köpfen der Bezugsgruppen einprägt. Ein Text muss anfangs mitunter erklären, warum das Bild die Unternehmenspersönlichkeit transportiert. Haben die Bezugsgruppen dies gelernt, reicht das Bild allein aus.

- Da Bilder die individuellen Gefühle der Menschen ansprechen, muss geklärt sein, dass die Bilderwelt bei der Bezugsgruppe nur positive Verbindungen mit dem Unternehmen auslöst.
- Bilder haben keine eindeutige Bedeutung. Die Bedeutung von Wörtern kann im Wörterbuch nachgeschlagen werden. Für Bilder gibt es kein Wörterbuch, wie der italienische Filmemacher Pier Paolo Pasolini einmal sagte.
- Häufig sind Bilderwelten austauschbar, wie das Beispiel der Autowerbung zeigt. Schaffen Sie stattdessen eine Bilderwelt, die Ihre Bezugsgruppen spontan und einzig mit Ihrem Unternehmen verbindet.
- Die Bilderwelt muss von Ihren Bezugsgruppen gelernt werden. Sie sollten daher die Motive häufig wiederholen, bis feste Gedächtnisstrukturen entstanden sind. Ihre Bezugsgruppen sollten bei jedem Betrachten den gleichen visuellen Eindruck erhalten, damit sich die Gedächtnisspur festigt, die frühere Kontakte geschaffen haben.

7 Der Managementprozess

BMW, eSixt, Porsche – starke Unternehmenspersönlichkeiten, die jeder kennt. Sie sind nicht zufällig so stark geworden, sondern kompetente Manager haben sie in einem langwierigen Prozess dorthin entwickelt.

Corporate Identity Management ist der Prozess, das Selbstverständnis des Unternehmens systematisch und langfristig zu erkennen, zu gestalten, zu vermitteln und zu prüfen!

Erkennen, gestalten, vermitteln, steuern

Erkennen: Das Unternehmen erkennt bewusst und systematisch sein Selbstverständnis sowie dessen Potenzial und vergleicht dies mit den Wünschen und Erwartungen seines Umfeldes.

Gestalten: Hieraus entwickelt es ein auf die Zukunft gerichtetes gemeinsames Selbstverständnis, das es in einem Leitbild verbindlich festhält.

Vermitteln: Das Unternehmen vermittelt sein Selbstverständnis durch sein visuelles Erscheinungsbild (Corporate Design), durch seine Kommunikation (Corporate Communication) und sein Verhalten (Corporate Behaviour) an die internen und externen Bezugsgruppen.

Steuern: Das gemeinsame Selbstverständnis wird immer wieder kritisch geprüft, um festzustellen, ob das Selbstverständnis auch weiterhin den sich ändernden internen und externen Erwartungen und Anforderungen gerecht wird.

Das Unternehmen entwickelt seine Unternehmenspersönlichkeit kontinuierlich weiter mit dem Ziel, bei den Bezugsgruppen das Vorstellungsbild (Image) von der Unternehmenspersönlichkeit und ihren Merkmalen aufzubauen und zu verankern.

Langfristiger, schwieriger und kontinuierlicher Prozess

Corporate Identity Management ist ein langfristiger, schwieriger und kontinuierlicher Prozess:

- CIM-Prozesse verlaufen parallel zu Wandlungen in Märkten, Unternehmen und der Gesellschaft. Langfristige Planung ist lebenswichtig, damit das Unternehmen künftige Chancen und Risiken erkennen kann. Das CIM soll daher vorausschauend geplant und geordnet erfolgen und sich nicht bloß reaktiv anpassen.
- Das Unternehmen muss interne und externe Wünsche, Erwartungen und Ansprüche aufgreifen und prüfen, ob und wie es diese umsetzen kann. Nur die eigenen Ziele im Kopf zu haben, birgt die Gefahr, an tatsächlichen Problemen vorbei zu handeln. Sorgfältige Planung, die alle Beteiligten einbezieht, minimiert dieses Risiko.
- CIM muss auf das Unternehmen, seine Stärken und Schwächen zugeschnitten sein. Es muss seinen Charakter, seine Eigenarten, seine Perspektiven berücksichtigen. Ein Unternehmen kann nur das glaubhaft versprechen, was es tatsächlich halten kann.
- Die Unternehmenspersönlichkeit kann sich nur dann widerspruchsfrei entwickeln, wenn die einzelnen Aktivitäten in ein schlüssiges und damit widerspruchsfreies Konzept eingebunden sind.
- Die angemessene Dramaturgie beim Einsatz der Maßnahmen erfordert vorausschauendes Denken.

IMPROVISATION KANN SICH HEUTZUTAGE KEINER MEHR LEISTEN!

Abb. 7.1: Spannungsfeld des CIM-Prozesses

Die Zukunft aktiv gestalten

Strategische Planung

Konkret bedeutet strategische Planung:

- VORAUSSCHAUENDES DENKEN, um die Zukunft möglichst weit im eigenen Sinn zu gestalten, zum Beispiel mithilfe der Szenario-Technik.
- FESTLEGEN DES ZIELS, also des angestrebten Zustands.
- ABLEITEN UND ENTSCHEIDUNG VON LANGFRISTIGEN VERHALTENSPLÄNEN (STRATEGIEN) für alle an diesem Ziel Beteiligten.
- KOORDINATION DER ENTSCHEIDUNGEN für deren bestmögliches Zusammenspiel.
- SCHRIFTLICHES FESTLEGEN DES VORGEHENS, damit dies verbindlich festgeschrieben ist und nachgelesen werden kann (Konzept).

Sie blicken also in die Zukunft Ihrer CI und leiten hieraus einen Verhaltensplan ab, damit Sie diese möglichst aktiv in Ihrem eigenen Sinn gestalten und nicht nur auf Entwicklungen reagieren müssen.

Von Eishockeystar Wayne Gretsky stammt das Motto:

„Ich versuche nicht dort zu sein, wo der Puck ist, sondern ich versuche dort zu sein, wo der Puck als nächstes sein wird.“

Planung ist ein höchst anspruchsvoller, komplexer, interner und externer Managementprozess, der Absprache und Koordination zwischen allen Beteiligten erfordert. Dies gelingt häufig nur in Verbindung mit Kulturveränderungen hin zu mehr Gemeinschaftsgefühl (siehe Kap. 8).

7.1 Entscheidung und Vorbereitung

CIM wird in der Regel „von oben“ in Gang gesetzt: Erste Anstöße und eine beschlussfähige Vorlage kommen meist aus der PR-Stelle, der Planungsabteilung oder der Organisationsentwicklung.

Eindeutiges Bekenntnis

Entscheidet sich der Vorstand für einen CIM-Prozess, muss er sich eindeutig dazu bekennen.

An Halbheiten ist das CIM schon oft gescheitert!

Die Geschäftsleitung muss wissen, dass sie sich auf einen langwierigen und schwierigen Weg begibt, der zu einschneidenden Veränderungen im und außerhalb des Unternehmens führt. Das Unternehmen muss sich erkennen und ändern. Es nutzt nichts, eine kunstvolle aber künstliche Identität zu verkünden, die niemand teilt und die nie gelebt wird. Ist CI auch nur in Teilen unglaubwürdig oder unstimmig, kann alle Mühe vergeblich sein und sogar schaden, indem Vertrauen verloren geht.

Einbeziehen der Belegschaft

Am CIM ist das gesamte Unternehmen beteiligt. Frühzeitig und kontinuierlich müssen sich daher Führungskräfte, Mitarbeiter und Interessenvertretungen informieren und ihre Zustimmung geben können. Werden die Mitarbeiter nicht einbezogen, quittieren sie dies mit Desinteresse bis Boykott. Seit Jahren zeigen immer neue Managementmethoden wie Business Reengeneering, Total Quality Management, Gruppenarbeit, Change Management und selbst Corporate Identity

Management, dass ihre Ergebnisse hinter den Erwartungen zurückbleiben, wenn sie von oben verordnet werden.

Einrichten einer Stabsstelle

Das CIM übernimmt in kleineren Unternehmen häufig der Inhaber, der Geschäftsführer oder ein Assistent der Geschäftsleitung. In größeren Unternehmen wird am besten eine Stabsstelle eingerichtet. Dies signalisiert, wie wichtig der Prozess ist und dass die Macher unabhängig sind.

Das ist keinesfalls selbstverständlich: CIM wird derzeit am häufigsten von der PR-Stelle oder Werbung und Marketing gemanagt. Corporate Identity Management wirkt sich aber auf das ganze Unternehmen aus und darf daher keine alleinige Aufgabe eines Ressorts sein: Würde ein Mitarbeiter aus der Finanzabteilung sein Verhalten ändern, weil ihm dies die Werbefrau in die Leitlinien geschrieben hat? Wie viel Aussicht auf Erfolg hätte ein CIM-Programm, wenn der PR-Vertreter über die zentralen Unternehmenswerte zu entscheiden hätte? Seine Aktivitäten würden schon deshalb boykottiert, um ihm seinen begrenzten Machtspielraum aufzuzeigen.

Wichtig ist auch ein eigener Etat

Eine Stabsstelle bedeutet konsequenterweise auch, einen eigenen und ausreichenden Etat bereitzustellen. Die benötigten Mittel sollten nicht von anderen Etats, zum Beispiel dem Werbeetat, abgezweigt werden. Dies geschieht noch zu häufig.

Auch eine Projektorganisation ist möglich

Das Projektmanagement ist eine gute Alternative: Es besteht aus einer unabhängigen Projektgruppe mit Leiter und Teammitgliedern sowie einem übergeordneten Lenkungsausschuss. Vorteil: In den CIM-Prozess fließen von vornherein Meinungen aus unterschiedlichen Funktionen des Hauses ein. Nachteil: CIM wird eventuell nur nebenher betrieben. Es kann Probleme beim Koordinieren von Kapazitäten und den Aufgaben der Teammitglieder geben.

Der Projektleiter koordiniert und ist Ansprechpartner

Einer Stabsstelle oder einem Projekt stellen sich folgende Aufgaben: Der (Projekt-)Leiter wählt die (Projekt-)Mitarbeiter aus und stellt das Team zusammen, er erstellt Projektpläne, Zeitpläne und Kostenpläne, er organisiert, koordiniert und unterstützt fachlich die Projektarbeit. Er bereinigt Konflikte, ist Nahtstelle zur Geschäftsleitung, verarbeitet die unterschiedlichen Projektergebnisse und stellt sie der Geschäftsleitung vor. Der Projektleiter ist verantwortlich für externe Berater.

Er gestaltet Arbeitsmethoden, Umgangsstil und Klima. Er ist Ansprechpartner für Konflikte, die während des Prozesses im Unternehmen entstehen, zum Beispiel zwischen Mitarbeitern und Führungskräften.

Dieser Beauftragte sollte Autorität besitzen, konsequent sein und übergreifende Kompetenzen haben – meist ein Topmanager. Und: Er sollte für den CIM-Prozess von seinen Aufgaben freigestellt sein. (Literaturtipps zum Projektmanagement finden Sie im Serviceteil.)

Die Projektgruppe zeigt Vielfalt und Kreativität

Die Projektgruppe besteht je nach Größe des Unternehmens und seiner Struktur aus vier bis sieben Mitarbeitern, die aus den wichtigsten Unternehmensbereichen kommen – Geschäftsführung, Forschung, Personal, Kommunikation, Vertrieb. Möglichst sollten auch ein bis zwei Arbeitnehmervertreter teilnehmen. Und da der Prozess auch Schulung umfassen wird, ist ein Mitarbeiter der Weiterbildungsabteilung dabei.

Der Lenkungsausschuss begleitet und lenkt ein

Der Projektgruppe übergeordnet ist ein Lenkungsausschuss aus etwa zwei bis fünf wichtigen Unternehmensvertretern, die den Prozess verfolgen und wegweisende Entscheidungen treffen. Der Lenkungsausschuss ist Anlaufstelle für Probleme und Konflikte, die die Projektgruppe nicht lösen kann. Er wacht über den Fortschritt der Umsetzung und verabschiedet die Projektergebnisse.

Agentur einschalten

Schon beim Bilden der Projektgruppe sollte ein erfahrener externer Berater dabei sein. Er hat die wichtige Rolle des Moderators, er unterstützt Klärungsprozesse und greift als unabhängiger Beobachter die unterschiedlichen Meinungen auf; er schiebt schleppende Prozesse an, er unterstützt Konzeption und Umsetzung. Vorteil: Ein Berater bringt Erfahrung ein, ist nicht „betriebsblind" und hat keine „Schere im Kopf" und daher den Mut zu unkonventionellen Lösungen. Und: Er kostet Geld und ist deshalb die beste Gewähr für den zügigen Fortgang der Arbeiten. Nachteil: Externe Agenturen sind meist nicht mit der herrschenden Unternehmenskultur vertraut.

Selbstverständnis bestimmen

Die Projektarbeit ist anfangs oft schwierig, denn die Mitglieder müssen persönlich und fachlich zueinander finden. Hilfreich hierfür sind vereinbarte Grundregeln für die Zusammenarbeit, die im Protokoll schriftlich festgehalten werden.

Ganz wichtig:

Alle Beteiligten einigen sich so früh wie möglich darüber, was sie unter CIM verstehen und welche Erwartungen sie an das Projekt knüpfen!

Ein häufiger Grund für Enttäuschungen sind die hohen Erwartungen, die das CIM nicht erfüllen kann. Die Gruppe muss daher klären, ob sie CIM als Schnellschuss sieht oder als langfristigen ständigen Prozess. Welche Bedingungen muss das Projektteam schaffen, um CIM umzusetzen? Nur auf der Basis des gemeinsamen Verständnisses, der Projekt-CI, kann die Projektarbeit gelingen. Diese Klärung kann der externe Berater sinnvoll unterstützen.

Klären von Zeit und Budget

Auf Basis des erarbeiteten Projektverständnisses wird der zeitliche und finanzielle Rahmen des Projektes festgelegt. Der Prozess besteht aus den vier Phasen Analyse, Planung, Umsetzung und Kontrolle. Die Dauer der ersten Phase hängt von der Unternehmensgröße ab, der Zustimmung zum Prozess, der Einsicht des Managements, der Unternehmenskultur, der Bereitschaft zur Veränderung und der Vielfalt der Unternehmensleistungen. Meist beträgt sie zwei bis drei Jahre.

Vor allem in den ersten beiden Jahren gibt es viel zu tun, da die Ausgangssituation untersucht, Probleme aufgedeckt und Konturen des CIM ausgearbeitet werden müssen. Später kehrt mehr Routine ein, das Umsetzen der Maßnahmen erfolgt langfristig und ist in den Arbeitsalltag eingebettet.

Information der Belegschaft

Alle Mitarbeiter müssen informiert sein

Nach der Entscheidung der Geschäftsleitung und Gründung der Projektgruppe werden – falls nicht ohnehin in der Projektgruppe vertreten – die Arbeitnehmervertretungen, Führungskräfte und Mitarbeiter über den geplanten Prozess, seine Ziele und das Vorgehen informiert und ab dann ständig auf dem Laufenden gehalten. Dies ist von zentraler Bedeutung für das Gelingen des Prozesses: Die Mitarbeiter sind Betroffene, die das Leitbild leben müssen. Sie sind daher zu jedem Zeitpunkt eingebunden, um die Gefahr zu verringern, dass Veränderungen über die Köpfe der Betroffenen hinweg angeordnet werden.

	Das ist zu tun	**Das ist zu vermeiden**
Zu Beginn:	Klären von • Thema • Prioritäten/Zielsetzung • Arbeitsplan • Ergebnissicherung etc.	„Panikstart" mit sofortigem Einstieg in das Thema – und hinterher gerät alles durcheinander
Arbeitsmittel:	Aufgaben verteilen, Gruppenmitglieder helfen lassen	Der Moderator kann nicht „Mädchen für alles" sein, führt Rednerliste, holt Stellwände, kümmert sich um Kaffee ...
Konflikte:	Konflikte erkennen und ansprechen und den Konfliktpartnern helfen, eine Klärung zu erreichen	Konflikte übersehen oder Partei ergreifen und eventuell sogar als Richter ein Urteil fällen und als Partei zur Eskalation beitragen
Methoden:	Sinnvolle Arbeitsmethoden für die Gruppe vorschlagen und einsetzen	Arbeiten nach Zufall oder nach 08/15-Standardmethode, immer wieder derselbe Ablauf, ohne die Situation zu beachten und ohne spezielle Orientierung am inhaltlichen Problem
Rück-meldungen:	Häufige direkte positive und kritische Rückmeldungen an die Gruppe und einzelne Teammitglieder	Sich seinen Teil innerlich denken, indirekt versuchen das Ganze wieder einzurenken, in Pausengesprächen unter vier Augen darüber herziehen und selbst keine Rückmeldungen vertragen
Fragetechnik:	Zum Fortschritt der Gruppe und im Thema häufig Fragen stellen: Was ist sonst noch wichtig? Wo stehen wir? Wie geht es weiter?	Nur eigene Stellungnahmen und innere Entscheidungen

Abb. 7.2: Hilfen für die Projektarbeit

Unterschiedliche Interessen im Unternehmen berücksichtigen

Dabei gibt es unterschiedliche Interessen im Unternehmen, zum Beispiel
- Mitarbeiter, die unbedingt einbezogen sein und wichtige Entscheidungen beeinflussen wollen,
- Mitarbeiter, die gern gefragt werden wollen, bevor eine Entscheidung fällt,
- Mitarbeiter, die nicht so stark mitwirken, aber informiert sein wollen,
- Mitarbeiter, die weniger Interesse am Prozess haben.

Hierauf sollten die entsprechenden Informationsmaßnahmen ausgerichtet sein. Am besten ist, einige der Mitarbeiter vorher über den Bedarf an Information zu befragen und auch während des Prozesses sensibel auf den Erfolg der Kommunikation zu achten. Hierfür stehen zahlreiche Instrumente der internen PR zur Verfügung. Besonders bewährt haben sich neben Informationsveranstaltungen und Sonderausgaben der Mitarbeiterzeitung auch Projekttafeln, die an zentralen Stellen des Hauses aufgestellt werden, zum Beispiel an der Pforte oder vor der Kantine. Sie enthalten die wichtigsten Informationen und werden wöchentlich oder zweiwöchentlich aktualisiert – und seien es nur die Aktionspläne für die kommende Woche.

Die Medien der internen Kommunikation informieren die Mitarbeiter über den Prozess:

- *Informationsveranstaltung*
- *Info-Stände/Info-Messen*
- *Telefon-Hotline*
- *Mitarbeiterzeitung/Wandzeitung*
- *Informationsblatt*
- *Betriebsversammlung*
- *Intranet/E-Mail*

Abb. 7.3: Instrumente der internen Kommunikation

Eine interne Messe für die Kommunikation

Auf Kommunikation ausgerichtet sind Diskussionen in der Mitarbeiterzeitung und auf der Betriebsversammlung. Besonders geeignet sind interne Messestände, die aufgestellt werden, wenn die aktive Mitarbeit und Diskussion mit der Belegschaft sinnvoll und erforderlich sind.

Die vier Schritte der Planung

Geordnetes, systematisches geplantes Vorgehen

Voraussetzung für den folgenden Identitätsprozess ist ein geordnetes, systematisch geplantes Vorgehen. Dies ist nicht selbstverständlich: Zu häufig werden Logos beliebig kreiert, Broschüren gestaltet und Fahnen gehisst, ohne die tatsächlichen Identitätsprobleme mit Bezugsgruppen aufzudecken. Mittel- und langfristige Pläne zu erstellen gilt immer noch als unnütz.

Jedoch muss der CIM-Prozess systematisch und sorgfältig erfolgen:
- Eine glaubwürdige und von den Bezugsgruppen akzeptierte Identität entsteht nicht von heute auf morgen. Stattdessen muss deren Zustimmung zum unternehmerischen Denken und Handeln langfristig erarbeitet und immer neu bestätigt werden.
- Die Unternehmenspersönlichkeit muss sich an den Wünschen und Erwartungen Ihrer Belegschaft und Ihres Umfeldes orientieren. Nur die eigenen Ziele im Kopf zu haben birgt die Gefahr, an den tatsächlichen Problemen vorbei zu handeln. Sorgfältige Planung, die alle Beteiligten einbezieht, minimiert dieses Risiko.
- Ein Unternehmen muss erkennen, worauf es sich künftig einstellen und mit welchen Problemen es rechnen muss. Langfristige Planung ist lebenswichtig. Identitätsprozesse sollten vorausschauend, geplant und geordnet erfolgen.

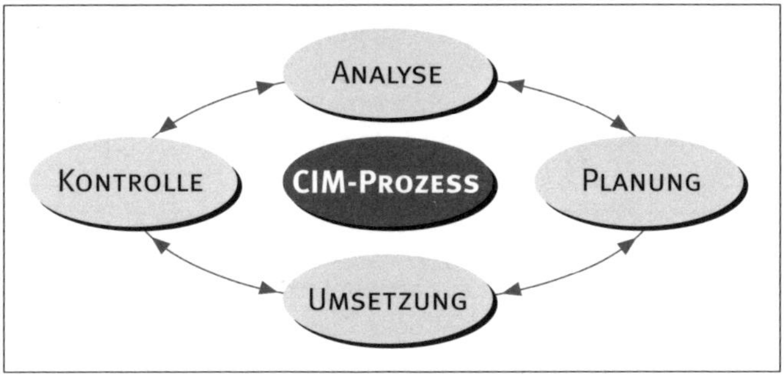

Abb. 7.4: Regelkreis im CIM-Prozess

Planung besteht aus vier Schritten

Hierzu erfolgt das CIM in vier Schritten, die systematisch aufeinander aufbauen: Analyse, Planung, Umsetzung, Kontrolle.

7.2 Die Analyse

Erster Schritt: Analyse

Im ersten Schritt, der Analyse, werden Probleme mit dem gemeinsamen Selbstverständnis über die Unternehmenspersönlichkeit aufgedeckt und sorgfältig formuliert. Das hört sich einfach an – ist es aber nicht. Dies erfordert ein ausführliches Daten sammeln, ein Aufbereiten und Bewerten von Informationen. Jeder Schritt macht Entscheidungen nötig, die für die Richtung des weiteren Prozesses ausschlaggebend sind.

7.2.1 Sammeln von Daten

Daten sind Grundlage sorgfältiger Planung

Grundlage sorgfältiger Planung ist eine zuverlässige und möglichst breite Datenplattform. Hierfür werden in einer sorgfältigen Untersuchung der Ausgangssituation zunächst alle wichtigen internen und externen Daten über das Unternehmen gesammelt.

Die Ergebnisse sollen Auskunft geben über

- die Unternehmenskultur, also die derzeitige betriebliche Wirklichkeit *(„So ist es“)*,
- die Wünsche und Erwartungen der Geschäftsführung sowie der Belegschaft *(„So sollte es sein“)*,
- die Informationen und das Bild, welches die Bezugsgruppen in Markt und Gesellschaft vom Unternehmen haben *(„So ist es“)* sowie
- deren Wünsche und Erwartungen *(„So sollte es sein“)*.

Aus diesen Daten können Stärken und Probleme mit der Firmenidentität abgeleitet und Aufgaben für das CIM formuliert werden.

Bedeutung der sorgfältigen Analyse

Eine sorgfältige Analyse ist wichtig, um die spezifische Situation Ihres Unternehmens zuverlässig zu bestimmen. Zum Beispiel kann es bei stark untergliederten Unternehmen dazu kommen, dass eine einheitliche Darstellung des Unternehmens für Kunden unwichtig ist. Maßnahmen richten sich dann eventuell stärker auf die Mitarbeiter oder den Finanzmarkt.

Auf den internationalen Märkten muss das Unternehmen herausfinden, ob es sich überall einheitlich darstellen kann oder ob es die jeweiligen Ländergegebenheiten in Sprache, Politik, Kultur berücksichtigen muss. Hier kann eine einheitliche Darstellung sogar ungünstig sein, weil unterschiedliche Preise in den Ländern zum Vorschein kommen. All dies muss in einer Analyse sorgfältig untersucht werden.

Die Informationen über Zustand und Wünsche werden mit wissenschaftlichen Methoden erhoben.

Daten sorgfältig erheben

Die Gründe:

- Einzeläußerungen von Mitarbeitern oder dem Umfeld, die dem Management zu Ohren kommen, sind unsystematisch und zufällig.
- Nur bestimmte Mitarbeiter und Bezugsgruppen äußern sich öffentlich, vor allem Unzufriedene oder Engagierte. Rückschlüsse auf die Meinung der Gesamtbelegschaft sind nicht möglich.
- Die Aussagen beziehen sich auf einzelne Themen und Probleme. Ein Gesamtbild der Meinungen zum Unternehmen entsteht nicht.

Wissenschaftlich durchgeführte Studien dagegen liefern ein zuverlässiges und umfassendes Bild von den Einstellungen der internen und externen Bezugsgruppen.

Zuverlässiges Bild der Situation

7.2.1.1 Die interne Analyse

Die interne Analyse erfasst das Vorstellungsbild von der Unternehmenspersönlichkeit bei der Belegschaft, deren Wünsche und Erwartungen. Außerdem werden Leistungen, Ressourcen und Potenziale des Unternehmens geprüft sowie das Erscheinungsbild bewertet.

Wie die Mitarbeiter ihr Unternehmen sehen

Für die „harten Fakten" – also Informationen über Märkte, den Wettbewerb, die Kunden, das Kapital, die Mitarbeiter, die Technologie, Umwelt/Rohstoffe sowie die Kompetenzen und Ressourcen des Unternehmens – liegen meist schon Daten aus der strategischen Unternehmensplanung vor.

Konkret handelt es sich unter anderem um Informationen über

Daten aus der strategischen Unternehmensplanung

- den Markt, also Marktposition, Wettbewerb, Marketingstrategien, Marktorganisation, Bezugsgruppen, Vertrieb etc.

- PRODUKTE UND DIENSTLEISTUNGEN, zum Beispiel Produktstrategie, Produktnutzen, Leistungsfähigkeit, Preis-/Leistungsverhältnis, Produktdesign, Produktkompetenz etc.

Diese Informationen sind wichtig, weil sie darüber entscheiden können, ob ein Unternehmen überhaupt in der Lage ist, bestimmte Absichten in sein Leitbild aufzunehmen.

Zudem werden zur Bewertung des Firmenauftritts das Verhalten intern und extern sowie die Kommunikationsaktivitäten einbezogen wie Werbung, Public Relations und Verkaufsförderung, aber auch das Design und das Verhalten (siehe Kap. 6.3). Diese Einschätzung soll Aussagen über das vorhandene Erscheinungsbild ermöglichen.

Die Ergebnisse werden durch die „weichen Fakten" ergänzt, also das Bild, das die Mitarbeiter von ihrem Unternehmen haben, wie sie es gern sehen würden, welche Erwartungen sie haben und welches Verhalten sie sich von ihm wünschen.

Wer gefragt wird

Da CIM ganzheitlich ist, sind alle Mitarbeiter einbezogen oder zumindest repräsentiert durch Vertreter aus der Führungsmannschaft, der Interessenvertretung sowie Vertreter der Angestellten, Arbeiter und Auszubildenden. Die Befragtenzahl hängt von der Zeit, vom Geld, den Wünschen an Genauigkeit, aber auch von der Situation des Unternehmens ab.

Sicht der Geschäftsführung über Ist und Soll des Unternehmens

Die interne Analyse ermittelt auch die Sicht der Geschäftsführung über Ist und Soll des Unternehmens. Die einzelnen Mitglieder des Vorstandes bzw. der Geschäftsführung (und parallel natürlich auch die Mitarbeiter) sollen Auskunft geben, wie sie das Unternehmen, seine spezifischen Kompetenzen sehen und wie sie seine Leistungen einschätzen:

- Gibt es eine Leitidee?
- Worin besteht der Nutzen für die Gesellschaft und die Gesamtwirtschaft?
- Wie hat sich das Unternehmen entwickelt?
- Welche Konsequenz hat dies?
- Wie wollen wir sein und warum?
- Was können wir?
- Was passt zu uns?

- Wodurch überleben wir auf lange Sicht?
- Worauf können wir stolz sein?
- Wie wollen wir gesehen werden?

Die Ergebnisse zeigen häufig völlig unterschiedliche Einschätzungen, die später im Leitbild angenähert werden müssen.

Anonymität der Befragten gewährleisten

In der Praxis hat sich gezeigt, dass Sie unbedingt die Anonymität der Befragten gewährleisten sollten. Hiervon kann sowohl die Zahl der Antworten abhängen als auch deren Qualität. Daher:

SICHERN SIE ANONYMITÄT ZU!

Häufig führen externe Berater diese Befragungen durch, um die Anonymität zu gewährleisten.

Womit wird gefragt?

Zur Durchführung stehen mehrere Methoden und Instrumente zur Verfügung. Am häufigsten eingesetzt werden:
- Leitfadengestützte Interviews,
- Standardisierte Fragebögen,
- Polaritätenprofile.

LEITFADENGESTÜTZTE INTERVIEWS

Ein offenes Interview liefert viele Aussagen

Wenn ein Unternehmen nie untersucht hat, was seine Bezugsgruppen wissen, welches Bild sie vom Unternehmen haben und welche Wünsche und Erwartungen sie an es richten, eignen sich besonders Leitfaden-Interviews, in denen die Befragten frei reden, anstatt einen vorgefertigten Fragebogen anzukreuzen. Dabei ist es nicht wichtig, dass die Ergebnisse repräsentativ, das heißt verallgemeinerbar für die Belegschaft sind:

MASSGEBLICH IST, DASS ETWAS GESAGT WIRD UND NICHT WIE HÄUFIG ETWAS GESAGT WIRD!

Durch einen Leitfaden sind die Ergebnisse vergleichbar

Damit die Ergebnisse später vergleichbar sind und leichter ausgewertet werden können, wird häufig ein Themenleitfaden erstellt, der eingesetzt wird, wenn der Befragte nichts mehr erzählt oder einen Aspekt ausgelassen hat.

OFFENE INTERVIEWS

VORTEILE

- Sie ermitteln Wissen über ein wenig bekanntes Thema.
- Die Befragten können alles äußern, was ihnen zu dem Thema einfällt.
- Geringere Gefahr, dass wichtige Aspekte eines Themas nicht zur Sprache kommen.

NACHTEILE

- Die offene Befragung stellt hohe Anforderungen an den Frager und seine Fähigkeiten; der Interviewer kann starken Einfluss auf die Qualität der Ergebnisse haben.
- Es ist mitunter nicht gewährleistet, dass unterschiedliche Forscher bei denselben Personen zu den gleichen Resultaten gelangen.
- Der Interpretationsspielraum bei manchen Antworten für den Forscher ist breit.
- Die Befragten müssen zu einer Auskunft bereit sein und sich gut ausdrücken können.
- Die Befragung dauert ziemlich lange (manchmal eine Stunde und länger).
- Die Auswertung ist aufwändig.
- Die Ergebnisse sind mitunter kaum vergleichbar.

STANDARDISIERTER FRAGEBOGEN

VORTEILE

- Standardisierte Befragungen mit vorgefertigten Fragebögen sind vergleichsweise einfach und kostengünstig durchzuführen.
- Unterschiedliche Forscher kommen bei denselben Personen eher zu den gleichen Resultaten.
- Der Interpretationsspielraum ist geringer.
- Die Ergebnisse sind untereinander und mit einer späteren Befragung vergleichbar.

NACHTEILE

- Er ermittelt kaum neues Wissen über einen wenig bekannten Gegenstand.
- Es wird genau auf das geantwortet, was gefragt wird. Aspekte, die nicht im Fragebogen stehen, werden nicht erfasst.
- Gefahr von Fragen, die schon eine Antwort beinhalten („Meinen Sie nicht auch ...?").

Abb. 7.5: Vorteile und Nachteile der Befragungsinstrumente

Das offene Interview hat den Vorteil, dass der Befragte frei von der Leber weg erzählen kann, was ihm zum Unternehmen einfällt. Auf die Frage nach der Zukunft des Unternehmens kann er munter sprudeln, wogegen der schriftliche Fragebogen eher die Fantasie durch einen Schreibkrampf hemmt. Ein schriftlicher, standardisierter Fragebogen birgt außerdem die Gefahr, dass wichtige Erwartungen und Wünsche nicht erfasst werden, weil sie vergessen oder unterschätzt werden: Vielleicht ist den Mitarbeitern die Sicherheit der Arbeitsplätze am wichtigsten und nicht – wie die Geschäftsleitung annimmt – die Sozialleistungen.

Offen gefragt – offen geantwortet

Beispiele für Fragen in einem offenen Interview finden Sie im Serviceteil.

Standardisierte Mitarbeiterbefragung

Am häufigsten wird zur Mitarbeiterbefragung ein standardisierter Fragebogen eingesetzt. Die Handhabung ist klar: Die Befragten antworten durch Ankreuzen der ihnen zutreffend erscheinenden Antworten. Beispiele für Fragen in einem Standard-Fragenbogen finden Sie im Serviceteil.

Am häufigsten eingesetzt: der Fragebogen

Die Befragungsergebnisse liefern ein zuverlässiges Bild darüber, wie die Mitarbeiter samt Geschäftsführung ihre Firma sehen. Diese wahrgenommene Unternehmenspersönlichkeit muss nicht mit der tatsächlich gelebten Unternehmenskultur übereinstimmen.

Weitere Informationen über die Kultur

Daher sollten zusätzlich Informationen gesammelt werden, die auf bestehende Werte und Normen hinweisen. Der Betriebswirt Staehle schlägt vor, zu erforschen,

Informationen, die auf bestehende Werte und Normen hinweisen

- welche Menschen-, Technik-, und Organisationsbilder beim Management vorherrschen,
- welche Funktion im Top-Management am stärksten vertreten ist bzw. welcher Bereich in der Unternehmung das höchste Ansehen genießt,
- wo die meisten Produkt- oder Prozessinnovationen stattfinden,
- wie neu eingestellte Mitarbeiter eingeführt werden,
- wie Managementsitzungen oder auch Betriebsversammlungen ablaufen,
- wie Manager mit ihren Mitarbeitern umgehen,

- welche Erwartungen die Mitarbeiter in das Unternehmen setzen,
- welche Geschichten und welche Rituale praktiziert werden.

Aussagekräftiges Bild über die wahrgenommene und tatsächliche Unternehmensidentität

Entsprechende Informationen können aus Interviews und Beobachtungen oder Dokumentationen des Unternehmens wie Geschäftsberichten, Unternehmensgrundsätzen und Publikationen gewonnen werden. Gemeinsam mit den zuvor gesammelten Daten ergeben sie ein vielfältiges und aussagekräftiges Bild über die wahrgenommene und gelebte Unternehmensidentität.

7.2.1.2 Die externe Analyse

Welche Einschätzungen und Wünsche gibt es?

Die externe Analyse untersucht die Bekanntheit des Unternehmens bei wichtigen Bezugsgruppen sowie deren Vorstellungsbild, aber auch Wünsche und Erwartungen an künftiges Verhalten im Markt und in der Gesellschaft:

- Wie bekannt ist das Unternehmen?
- Welche Informationen sind bekannt?
- Stimmen diese Informationen?
- Welches Image hat das Unternehmen?
- Welches Image hat die Branche?
- Welches Image haben die Wettbewerber?
- Wie beurteilen wichtige Bezugsgruppen das Verhalten des Unternehmens?
- Welche Erwartungen haben sie an das Unternehmen und an seine Leistungen?
- Gilt das Unternehmen als sympathisch, vertrauensvoll und kompetent?
- Wie groß ist seine Akzeptanz?

Die Ergebnisse sollten möglichst zuverlässig sein

In der Untersuchung sollten alle wichtigen Bezugsgruppen vertreten sein. Auch hier hängt es von den zeitlichen, finanziellen und organisatorischen Möglichkeiten ab, wie viele Gruppen dies sind und wie viele Vertreter jeweils befragt werden. Fragen für eine externe Befragung finden Sie im Serviceteil.

Sie messen Images: Polaritätenprofile

Ein Polaritätenprofil misst Images

Einfach anzuwenden ist das Polaritätenprofil. Es besteht aus gegensätzlichen Eigenschaftspaaren, die in einer Liste aufgeführt werden. Die Befragten markieren auf einer Skala von 1 bis 7, wie stark die genannten Eigenschaften ihrer Meinung nach auf das Unternehmen zutreffen. Ergebnis ist das Imageprofil des Unternehmens aus Sicht der Bezugsgruppen.

Wie wichtig sind diese Images?

Dies reicht noch nicht aus: Die Befragten geben in einem zweiten Schritt an, wie wichtig diese Eigenschaften sind. Was, wenn ein Unternehmen als fortschrittlich gelten will, dies aber für seine Bezugsgruppe unbedeutend ist? Was, wenn die Bezugsgruppen die sozialen Leistungen des Unternehmens für die Mitarbeiter als umfangreich einschätzen, dies aber keine Bedeutung für die Befragten hat?

Gefragt werden kann auch, wie das ideale Unternehmen aussieht – zum Beispiel wenn es kein Leitbild gibt, das als Messlatte für ein angestrebtes Image dienen könnte.

Weicht das gemessene von dem gewünschten Image ab, stellt dies einen Ansatzpunkt für das CIM dar.

Auch nach der Konkurrenz fragen

Zusätzlich zur Analyse des Vorstellungsbildes, das Ihre internen und externen Bezugsgruppen von Ihrem Unternehmen haben, sollten Sie auch das Vorstellungsbild von der Konkurrenz erfragen – soweit dies nicht schon in den vorherigen Befragungen der Bezugsgruppen geschehen ist. Hierdurch wird die eigene Position im Vergleich zu anderen Unternehmen

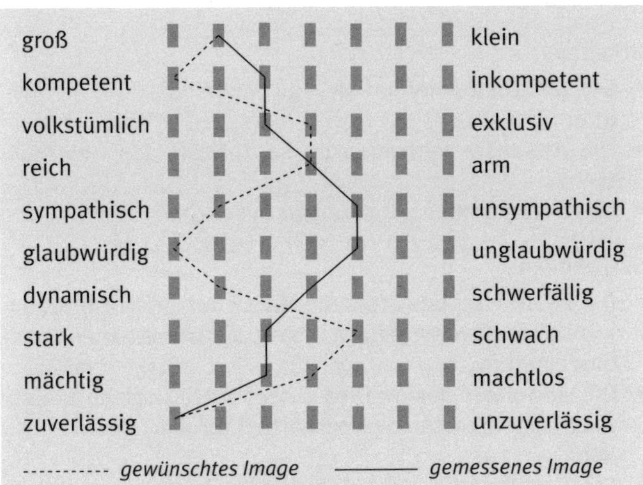

Abb. 7.6: Unterschiede im gemessenen und gewünschten Image

deutlich – Ihr Unternehmen sollte schließlich nicht nur die Erwartungen der Bezugsgruppen erfüllen, sondern sich auch von der Konkurrenz abheben.

Ein Blick in die Medien

Die Medienbeobachtung ist ohnehin ständige Aufgabe der Public Relations-Abteilung. Für das CIM gibt sie Auskunft über die veröffentlichte Meinung über das Unternehmen und seiner Konkurrenz. Bitte beachten Sie:

Die Medienbeobachtung deckt nicht das Image des Unternehmens bei den Bezugsgruppen auf, sondern nur das, was die Medien über das Unternehmen berichten!

Ein Unternehmen kann demnach – trotz positiver Berichterstattung – ein negatives Image in der Bevölkerung haben und umgekehrt.

7.2.2 Aufbereiten der Daten

Wo liegen Stärken und wo liegen Schwächen?

Die gesammelten Daten sollten Sie verdichten und auswerten. Hierzu eignet sich ein Sortieren nach Stärken und Schwächen, Chancen und Risiken: Dies zeigt Ansätze für notwendige Verbesserungen aber auch Erfolgspotenziale und eine Zielrichtung des CIM-Prozesses.

Stärken:

- Die Mitarbeiter fühlen sich gut über das Unternehmen informiert.
- Die Aktionäre vertrauen in die Zukunft des Unternehmens.
- Das Unternehmen gilt als attraktiver Arbeitgeber.

Schwächen:

- Die Mitarbeiter bewerten die Mitgliederzeitschrift als unkritisch und wenig unterhaltsam, sie würden dies unbedingt ändern.
- Die Anwohner des Werkes wissen nicht, welche Bedeutung das Thema Anlagensicherheit für das Unternehmen hat.
- Die Bevölkerung steht dem Unternehmen misstrauisch gegenüber und möchte sich stärker persönlich über es informieren.

So wichtig wie der Blick in die Gegenwart ist der Blick in die Zukunft: Dies zwingt Sie, Entwicklungen aufzugreifen und deren Konsequenzen für das Unternehmen zu erkennen, zum Beispiel durch Änderungen in Strukturen, Prozessen und dem Verhalten. So ist abzusehen, dass die Bedeutung des Internet für viele Unternehmen weiter steigen wird, wofür Sie schon heute Geld, Zeit und Personal planen müssen.

So wichtig wie der Blick in die Gegenwart ist der Blick in die Zukunft

CHANCEN:
- Der Markt entwickelt sich.
- Der eigene Marktanteil steigt.
- Die Produkte werden ihre Alleinstellung behalten.

RISIKEN:
- Die Marktbedürfnisse ändern sich schnell.
- Die Konkurrenten planen, das Kommunikationsbudget zu erhöhen und große Kampagnen zu starten.
- Die Konzentration der Unternehmen nimmt zu.

Aus dem Profil der Stärken und Schwächen, Chancen und Risiken formulieren Sie die Aufgaben für Ihren weiteren CIM-Prozess.

GEGENWART UND ZUKUNFT DER KOMMUNIKATION

GEGENWART	Stärken und Schwächen: Was läuft gut und kann beibehalten werden? Was muss sich ändern?
ZUKUNFT	Chancen und Risiken: Was kommt auf die Kommunikation zu, auf das Sie sich einstellen müssen?

7.2.3 Bestimmen der Aufgaben

Aus den Stärken und Schwächen, Chancen und Risiken bestimmen Sie die Aufgaben für den weiteren CIM-Prozess nach innen und außen: Haben Sie überhaupt Handlungsbedarf? Welche Meinungen und Einstellungen müssen Sie stärken oder ändern? Welche Handlungen müssen Sie korrigieren, welche Darstellung überarbeiten?

Welches Problem müssen Sie lösen?

Folgende Aufgaben können sich stellen:

- Ein Leitbild muss formuliert werden, das den Anforderungen des gesellschaftlichen Umfeldes stärker Rechnung trägt.
- Das Unternehmen muss schneller auf Internet-Anfragen reagieren.
- Das Unternehmen muss kundenorientierter, flexibler, innovativer werden.
- Die Geschäftspapiere müssen einem einheitlichen visuellen Erscheinungsbild entsprechen.

Die folgende Planungsphase legt fest, wie diese Aufgaben gelöst werden sollen. Dabei werden möglichst die Stärken zur Beseitigung der Schwächen genutzt.

7.3 Planung

In der Planungsphase entwickeln Sie den kraftvollen Gesamtplan, wie Sie die formulierten Aufgaben lösen. Die Güte dieses Plans bewerten Sie durch die Beantwortung der Frage, warum nur dieser Plan am besten geeignet ist, Ihre CIM-Probleme zu lösen – und kein anderer!

DER PLAN IST ZWANGSLÄUFIG UND NICHT BELIEBIG!

Drei zentrale Bausteine

Dieser Plan besteht aus drei zentralen Bausteinen:

1. Welchen Zustand wollen Sie erreichen (Ziele)?
2. Mit welchem grundsätzlichen Verhalten wollen Sie diesen Zustand erreichen (Strategien)?
3. Mit welchen Instrumenten können Sie dies erreichen (Mittel und Maßnahmen)?

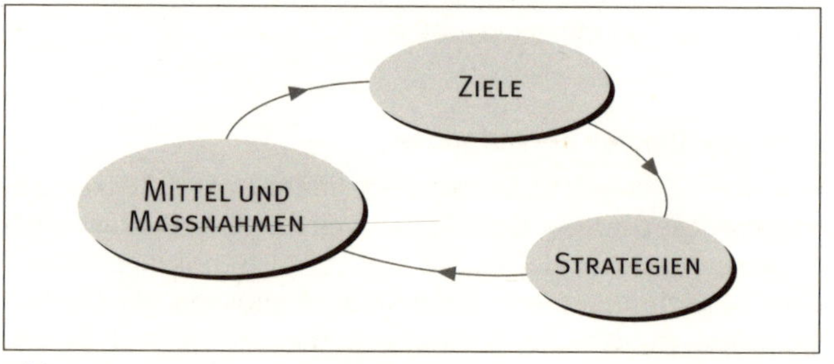

Abb. 7.7: Kernelemente der Planung

Aus diesen drei Bausteinen werden Sie und andere Beteiligte alle Entscheidungen ableiten können, denn diese sind darauf gerichtet, das Lösungskonzept umzusetzen.

7.3.1 Ziele

Auf Grundlage der Aufgabenstellung wird die Lösung geplant. Hierzu wird als erstes das Ziel festgelegt, also der Zustand, der erreicht werden soll.

Zweiter Schritt: Planung

Das Setzen von Zielen dient zum

Setzen Sie Ziele

- KOORDINIEREN: Alle Aktivitäten sind auf ein Ziel ausgerichtet. Dies betrifft auch den Einsatz von Personal, Geld und Energie der Beteiligten.
- KONTROLLIEREN: Ein präzise formuliertes Ziel ermöglicht zu prüfen, ob der angestrebte Zustand erreicht ist. Aussagen wie *„Motivieren der Mitarbeiter"* oder *„Verbessern der Kundenzufriedenheit"* eignen sich hierfür nicht. Durch Zwischenziele können Sie frühzeitig kontrollieren, ob Sie Ihr Ziel unter den gegebenen Umständen erreichen werden.
- MOTIVIEREN: Das Erreichen von Zielen kann genutzt werden, die Beteiligten für die weitere Arbeit anzuspornen: Eine „Belohnung" winkt, wenn das Ziel vorzeitig erreicht wird.

Daher:

> *ZIELE SIND VORAUSSETZUNG FÜR ERFOLGREICHES HANDELN!*

Wie werden Ziele formuliert? Ziele sind Aussagen über einen angestrebten Zustand. Sie sind

Ziele müssen klar formuliert sein

- HANDHABBAR, damit sie umgesetzt werden können.
- PRÄZISE FORMULIERT, damit sie Grundlage für Entscheidungen sein können,
- MESSBAR, damit sie kontrollierbar sind und
- ZU EINEM BESTIMMTEN ZEITPUNKT ERREICHBAR, um den Erfolg bestimmen zu können.

Nur wenn diese Bedingungen erfüllt sind, lassen sich die angemessenen Umsetzungsmaßnahmen bestimmen. Je genauer Sie das Ziel formulieren, desto eher können Sie während und nach der Durchführung den Erfolg des CIM prüfen (siehe Kap. 7.5).

Beispiele für Ziele

Das Problem ist, dass fast immer Ziele für das CIM angegeben werden, die nicht allein auf das CIM rückführbar sind oder Ziele, die nur schwer oder gar nicht zu messen sind, wie zum Beispiel *„Steigerung von Motivation und Leistung der Mitarbeiter"* und *„Harmonisieren von Selbstbild und Corporate Image":*

- Die Motivation der Mitarbeiter ist – sofern sie überhaupt messbar ist (Wie wird Motivation definiert, welches sind Zeichen für Motivation?) – von Maßnahmen des CIM ebenso beeinflusst wie von der eigenen Persönlichkeit, Erwartungen an die Berufstätigkeit, aber auch von Faktoren wie der Bezahlung und dem Kontakt zu Kollegen.
- Das Ziel, *„Selbstbild und Image anzunähern"*, ist ebenfalls ungenau. Welches Bild nähert sich welchem Bild auf welche Weise und in welchem Umfang an?

  Selbst wenn diese Frage geklärt ist, lässt sich ein Annähern nicht eindeutig auf CIM-Prozesse zurückführen, denn Vorstellungsbilder werden nicht nur durch Aktivitäten des Unternehmens beeinflusst, sondern auch von den Massenmedien, Meinungsführern und von sozialen Gruppen.

Das sind messbare Ziele des CIM

Messbare Ziele des CIM-Prozesses können lauten:

- Die Zahl der Kundenbesuche durch die Produktmanager wird ab sofort auf fünf pro Jahr erhöht.
- Bis Ende des Jahres wird es einen Qualitätszirkel in Abteilung X geben.
- In drei Monaten sind alle Mitarbeiter des Unternehmens über das Leitbild informiert.
- Das Unternehmen reagiert innerhalb von 24 Stunden auf Internet-Anfragen.
- Bis Ende des Jahres sind alle Geschäftspapiere in einem einheitlichen visuellen Erscheinungsbild gestaltet, in dem das Leitbild des Unternehmens zum Ausdruck kommt.

Die Zielformulierung enthält immer Aussagen über die Richtung, den Inhalt und das Ausmaß des angestrebten Zustandes.

Nicht alle Ziele sind gleich wichtig: Einige Ziele müssen schnell erreicht werden, andere erst in einem längeren Zeitraum. Es kann daher zwischen wichtigen (Oberzielen) und weniger wichtigen Zielen (Unterzielen) unterschieden werden. Und: Diese Ziele müssen natürlich zu den Unternehmenszielen passen. Ideal ist, wenn die (quantitativen) Unternehmensziele aus dem (qualitativen) Leitbild abgeleitet sind.

Unterscheiden Sie Ziele

Solche vor allem quantitativ ausgerichteten Ziele sind

Quantitativ ausgerichtete Ziele

- MARKTSTELLUNGSZIELE: Marktanteil, Umsatz, Marktabdeckung
- KOSTENZIELE: Wirtschaftlichkeit, Produktivität
- RENTABILITÄTSZIELE: Gewinn, Kapitalrentabilität und Umsatzrentabilität.

Diese Ziele dürfen nicht zu den formulierten CIM-Zielen in Widerspruch stehen.

7.3.2 Strategien

Auf welchem Weg das Ziel erreicht wird, legt die Strategie fest; dem untergeordnet sind die taktischen Einzelmaßnahmen.

Legen Sie Strategie und Taktik fest

Folgende Strategien sind möglich:

Selbstverständnis kommunizieren

- IHR UNTERNEHMEN KOMMUNIZIERT SEIN SELBSTVERSTÄNDNIS: Hier zeigt die Analyse, dass das Unternehmen ein sehr diffuses Image bei den Bezugsgruppen hat. Dies können sowohl die Mitarbeiter sein und die Art und Weise, wie sie ihr Unternehmen wahrnehmen, als auch externe Bezugsgruppen. Die Strategie ist daher vor allem darauf gerichtet, Ihren Bezugsgruppen das Leitbild Ihres Unternehmens zu vermitteln.
- IHR UNTERNEHMEN ÄNDERT DIE WAHRNEHMUNG DER BEZUGSGRUPPEN: Ihr Unternehmen bleibt wie es ist und versucht, Wahrnehmung, Ideale, Wünsche und Erwartungen seiner Bezugsgruppen zu ändern, um Sie näher an die eigene Position zu führen. Diesen Weg werden Sie dann beschreiten, wenn Sie Ihr Verhalten nicht ändern wollen oder können: Wenn zum Beispiel die Bezugsgruppen negativ zur Gentechnik eingestellt sind, diese Produktionsmethode aber wirtschaftlich wichtig für Ihr Unternehmen

Wahrnehmung der Bezugsgruppen ändern

ist, können Sie versuchen, Ihre Bezugsgruppen über die Bedeutung von Gentechnik zu informieren. Dies soll deren Akzeptanz erhöhen und Vertrauen und Verständnis für Ihr Handeln schaffen.

Selbstverständnis und Wahrnehmung der Bezugsgruppen ändern

- IHR UNTERNEHMEN KORRIGIERT SEIN SELBSTVERSTÄNDNIS (UND DIE WAHRNEHMUNG SEINER BEZUGSGRUPPEN): Diese Strategie könnten Sie einschlagen, wenn Sie zügige Verhaltensänderungen nicht erwarten können, wie zum Beispiel im Fall von internen Führungsproblemen. In diesem Fall beschließen Sie, Ihr Leitbild zu korrigieren und das Verhalten der Führungskräfte zu ändern. Da dies einige Zeit dauern wird, teilen Sie Ihre Pläne den Bezugsgruppen mit, damit diese die Pläne in ihrem Urteil über das Unternehmen berücksichtigen und künftiges unternehmerisches Handeln voraussehen können.

Noch ein Beispiel für unterschiedliche Strategien: Das Senken von Kosten kann zum einen erreicht werden durch verstärkte Kostenkontrollen, zum anderen durch den Aufbau eines stärkeren Kostenbewusstseins der Mitarbeiter.

Strategie grenzt Spektrum sinnvoll ein

Das Festlegen von Strategie und Taktik bietet Ihnen den Vorteil, dass Sie das breite Spektrum an Maßnahmen und Projekten zur Identitätsgestaltung und -vermittlung eingrenzen. Kurzfristige Maßnahmen können Sie zuverlässiger entscheiden, weil sie an der übergeordneten Strategie ausgerichtet sind.

7.3.3 Leitbild

Formulieren Sie erstmals ein Leitbild oder müssen Sie es überarbeiten, haben Sie folgende Möglichkeiten:

- DAS TOPMANAGEMENT FORMULIERT DAS LEITBILD. Vorteil: dies kostet nicht viel Zeit und garantiert, dass das Leitbild den Vorstellungen der Geschäftsleitung entspricht. Nachteil: Vorhandenes Wissen und Erfahrungen im Unternehmen werden nicht genutzt. Geringe Akzeptanz, da die Mitarbeiter nicht einbezogen sind.

Druck von oben erzeugt Gegendruck von unten

Manche meinen, dann geht es mit Druck: Der Chef eines deutschen Unternehmens, der Manager des Jahres wurde, wird in einer Tageszeitung zitiert: *„Wer unsere Strategie nicht mitträgt, hat ein Thema. Es lautet: Wie suche ich mir* *einen anderen Job"*. In der Praxis sind jedoch viele Konzepte gescheitert, weil sie den Mitarbeitern übergestülpt oder sie dazu gezwungen wurden. Diese können sich dann nicht mit dem Leitbild identifizieren und ignorieren es.

- DIE MITARBEITER FORMULIEREN DAS LEITBILD. Vorteil: Große Chance, dass das Leitbild von den Betroffenen gelebt wird. Erfahrung und Wissen der Mitarbeiter über das Unternehmen, den Wettbewerb und das gesellschaftliche Umfeld fließen ein. Nachteil: Das Topmanagement steht eventuell nicht hinter dem Leitbild, empfindet Machtverlust. Der Prozess ist sehr aufwändig. Probleme entstehen, wer Entscheidungen wann trifft. Das Leitbild wird zerredet.
- DAS TOPMANAGEMENT ERSTELLT DEN ENTWURF, DER IM UNTERNEHMEN DISKUTIERT WIRD. Vorteil: Mitarbeiter können Zustimmung und Kritik äußern, eigene Vorstellungen artikulieren und damit aktiv auf das Konzept einwirken. Nachteil: Dieses Vorgehen sichert das größte Meinungsspektrum, ist aber aufwändig. Dieser Weg hat sich dennoch am praktikabelsten erwiesen.

Deshalb:

DAS LEITBILD WIRD VOM TOP-MANAGEMENT ENTWICKELT UND DANN IM UNTERNEHMEN VERÖFFENTLICHT, DISKUTIERT UND UMGESETZT!

Das Leitbild stellt immerhin das angestrebte gemeinsame Selbstverständnis des Unternehmens samt Werten und Normen dar. Und natürlich wollen die Menschen diese Werte und Normen mitgestalten, weil sich ihr Denken und Handeln daran ausrichten soll. Die meisten Mitarbeiter sind aber nur dann bereit, für Grundsätze, Werte und Überzeugungen einzutreten und danach zu handeln, wenn sie diese verstehen, mit ihren Inhalten übereinstimmen oder wenigstens bestimmte Regeln und Normen als notwendig erachten. Leitsätze, die am grünen Tisch vom Vorstand formuliert wurden, finden nur sehr selten die spontane Zustimmung der Belegschaft. Kein Wunder, denn das Leitbild hat weitreichende Konsequenzen: Es begrenzt häufig den Einfluss der Führungskräfte, es macht Verantwortung deutlich und enthält Vorgaben für den Führungsstil, der nun eingefordert werden kann.

Das Leitbild ist allgemein und doch konkret

Dieses Selbstverständnis niederzuschreiben scheint einfach, ist es aber nicht: Das Leitbild muss einerseits so allgemein formuliert sein, dass sich alle Mitarbeiter und externen Bezugsgruppen erkennen können; andererseits müssen die Sätze so konkret sein, dass die einzigartige Unternehmenspersönlichkeit deutlich wird – und das gelingt häufig nicht.

Anforderungen an die Formulierung

Anforderungen an die Formulierung des Leitbildes:
- einfache Darstellung,
- kurze, einfache Sätze,
- geläufige Wörter,
- Fachwörter erklärt,
- konkret und anschaulich.

Vorsicht: Keine Sprechblasen

Ist die Formulierung zu eng, kann dies den Bestand des Unternehmens gefährden, eine zu weite kann die Gefahr bergen, dass sie nicht in konkrete Aktionen umgesetzt wird oder Identitätsverluste entstehen. Häufig kommen nur allgemeine Sätze heraus, die für viele Unternehmen gültig sein können, oder aus denen niemand eine Handlung ableiten kann. Welche Orientierung sollen Sätze bieten wie *„Der Mitarbeiter steht im Mittelpunkt"* oder *„Der Kunde ist König"?*

Wie beurteilen Sie folgende Beschreibung eines Beratungs- und Systemhauses? „Nur wenn unsere Kunden Erfolg haben, können auch wir erfolgreich sein. XY erstellt zeitgemäße Konzepte und Lösungen für die Zukunftssicherung unserer Kunden. Moderne Software-Werkzeuge und Arbeitstechniken sowie langjährige Erfahrung hoch qualifizierter Mitarbeiter sind die Garanten für messbaren Erfolg."

Das Formulieren schafft Klarheit

Mitunter gibt es Gerangel unter den Führungskräften, welcher Bereich und welche Interessen stärker im Leitbild berücksichtigt werden. Häufig zeigt sich in solchen Diskussionen, dass jedes Mitglied der Geschäftsführung und die Führungskräfte ihr eigenes Bild vom Unternehmen haben. Eine solche Selbstbestimmung trägt aber immer auch dazu bei, Selbstverständnis, Kompetenzen und Zuständigkeiten zu regeln.

Übrigens: Viele Tipps und Empfehlungen für die Gestaltung von Veränderungen im Unternehmen geben Bücher zu

„Change Management" und Mitarbeiterbefragungen (Literatur im Serviceteil).

Das Entwickeln des Leitbildes zieht sich hin: In der Regel müssen dafür ein bis zwei Jahre aufgewendet werden. In manchen Firmen dauert es noch länger – solche Formulierungen müssen reifen:

Gut Ding will Weile haben

ERWARTEN SIE KEINE SCHNELLEN ERFOLGE!

Nach dem Verabschieden des Leitbildes müssen Sie die weiteren Aufgaben des CIM-Prozesses festlegen, damit das Leitbild bekannt wird und danach gehandelt wird. In der Umsetzung geht es darum, das Mix der CIM-Instrumente, das sind Corporate Design, Corporate Communication und Corporate Behaviour (siehe Kap. 6.3), so zu gestalten, dass Sie Ihre angestrebten Ziele erreichen können.

7.3.4 Bezugsgruppen

Gezielte Ansprache senkt Aufwand und steigert Effektivität

Mit dem Formulieren der Ziele und des Leitbildes legen Sie die Bezugsgruppen fest, die Sie erreichen wollen.

*CIM RICHTET SICH NIE AN **DIE** ÖFFENTLICHKEIT, WEIL SICH DIESE AUS EINZELPERSONEN UND GRUPPEN ZUSAMMENSETZT!*

Kernbezugsgruppen und Randbezugsgruppen

Unterscheiden Sie zwischen wichtigen Kernbezugsgruppen und Randbezugsgruppen, die weniger wichtig sind, aber dennoch einbezogen sein sollten. Interne Bezugsgruppen sind zum Beispiel Geschäftsführung, Führungskräfte, Mitarbeiter, Pensionäre, Auszubildende. Externe Bezugsgruppen sind Investoren, Kunden, Lieferanten, Universitäten, Kirchen, Kritische Gruppen, Bürgerinitiativen, Nachbarn.

7.3.5 Botschaften

Was sollen die Bezugsgruppen wissen?

Die Botschaften geben jene Grundaussagen wieder, die sich die Bezugsgruppen einprägen sollen. Dies kann das gesamte Leitbild sein, die Leitidee oder einzelne Leitsätze, die für bestimmte Bezugsgruppen wichtig sind, zum Beispiel:

- FÜR AKTIONÄRE: Ein Unternehmen hat innovative Produkte für eine gesicherte Zukunft.

- FÜR POTENZIELLE BEWERBER: Das Unternehmen bietet sichere Arbeitsplätze und eine gute Altersversorgung.
- FÜR UMWELTGRUPPEN: Das Unternehmen setzt recycelte Produkte ein, wo immer es möglich ist.

Einheitliche Botschaften

Botschaften können Sie gewichten als allgemeine Dachbotschaften wie *„Das Unternehmen leistet einen wichtigen Beitrag für die medizinische Versorgung der Bevölkerung"* und als Bezugsgruppen-Botschaften, wie zum Beispiel *„Auf dem Gebiet der Alzheimerschen Krankheit suchen wir nach Heilungsmöglichkeiten"*.

Gewichten nach Zeit und Bedeutung

Möglich sind auch zeitlich gestufte Aussagen, zum Beispiel für den Zeitraum von ein bis drei Jahren *(„Das Unternehmen befindet sich in der Konsolidierung")*, von drei bis fünf Jahren *(„Die Konsolidierung greift; das Unternehmen befindet sich im Aufschwung")*.

Botschaften, die auf Bezugsgruppen zugeschnitten sind, haben den Vorteil, dass sie an deren speziellen Problemen und Fragen ausgerichtet und daher präziser sind als allgemeine Aussagen. Aber Achtung:

> *AUSSAGEN AN DIE UNTERSCHIEDLICHEN BEZUGSGRUPPEN DÜRFEN SICH NICHT WIDERSPRECHEN!*

Dies zu erreichen, ist Aufgabe einer professionell abgestimmten Corporate Communication (siehe Kap. 6.3.2). Wollen Sie etwa bei Banken einen guten Eindruck durch die schillernde Darstellung des Geschäftsverlaufs hinterlassen, aber bei den Mitarbeitern durch bedrohliche Schilderungen eine Zulage einsparen, führt dies zu Irritation und Verlust an Glaubwürdigkeit. Aber denken Sie daran:

> *„UNTERNEHMENSBOTSCHAFTEN GERATEN NICHT DADURCH IN SCHWIERIGKEITEN, DASS MAN SIE ANGREIFT, SONDERN DASS MAN SIE ERNST NIMMT."* (R. Sprenger)

7.3.6 Maßnahmen

Wie sage ich es meiner Bezugsgruppe?

Neben dem Bestimmen Ihrer Bezugsgruppen und Ihrer Botschaften legen Sie die Maßnahmen fest, mit denen Sie Ihre

CIM-Ziele erreichen wollen. Intern können dies Maßnahmen sein

- IM DESIGN, wie zum Beispiel das Gestalten eines visuellen Erscheinungsbildes,
- IN DER KOMMUNIKATION, wie zum Beispiel Info-Messen oder Diskussionsforen, eine Anzeigenkampagne oder Tage der offenen Tür,
- ZUM VERHALTEN, wie zum Beispiel die Änderung des Führungsverhaltens, die Einführung von Qualitätszirkeln, Gruppenarbeit oder Lernstätten, der Ausbau des Kundendienstes, die Optimierung des Wartungsdienstes oder des Beschwerdemanagements (siehe Kap. 6.3.3.).

Für den Einsatz der Maßnahmen und Instrumente gibt es kein Patentrezept, aber viele Möglichkeiten. Hierin liegen zum einen der Reiz und zum anderen der Unterschied zu den Mitbewerbern. Ein gewisses unvermeidliches Risiko durch die Unvorhersehbarkeit der Wirkung haben Sie durch Ihre gute Vorarbeit minimiert.

7.3.7 Zeitplan

Der Zeitplan kann über den Erfolg entscheiden

Für ein komplexes CIM-Projekt ist solide Zeitplanung unerlässlich. Der Zeitplan hält den Gesamtablauf sowie Einzelschritte, Maßnahmen, Termine und Zuständigkeiten fest. Dies dient dazu, Instrumente und Maßnahmen zu koordinieren und zu kontrollieren. Für die Zeitplanung gibt es viele nützliche Instrumente wie die Netzplantechnik und Computerprogramme, die eine optimale Planung des Zeitablaufs des CIM-Projektes ermöglichen.

Kleine Firmen sind schneller

Übrigens: Die Zeit für ein CIM-Programm richtet sich sehr nach der Unternehmensgröße und der Durchsetzungskraft des Managements. Kleinere Unternehmen haben es deshalb leichter, weil Entscheidungen schneller fallen und die Beteiligten eher einbezogen und informiert werden können. Um den Zeitplan so straff wie möglich und so ausgedehnt wie sinnvoll zu halten, sollte das Projekt über einen Lenkungsausschuss verfügen, dem ein Vorstandsmitglied oder auch mehrere angehören. Hierdurch ist das Projekt angehalten, regelmäßige Fortschritte zu zeigen (siehe Kap. 7.5).

7.3.8 Budget

Geld und Ziele müssen übereinstimmen

Aus den Bestandteilen des CIM-Programms, den Instrumenten und deren Einsatz errechnen Sie die Kosten. Sinnvoll ist hierbei, einen Gesamtetat sowie Etats für Aktionen und Maßnahmen zu kalkulieren. Dies ermöglicht zum einen der Geschäftsleitung, einen Überblick über die Kosten zu erhalten; zum anderen ist es möglich, Maßnahmen zu kürzen oder hinzuzufügen. Vergessen Sie bei der Budgetplanung nicht die externen Dienstleister, wie zum Bespiel Berater und Agenturen (siehe Kap. 8.6).

Nachteil für Kostenplanung: keine Marktpreise

Was die Berechnung der Einzelkosten erschwert: Es gibt keine Marktpreise, daher schwanken die Preise für Leistungen von Agenturen erheblich. Informieren Sie sich deshalb genau über die Agentur, ihre Erfahrungen mit CIM (viele haben nämlich keine oder nur wenige) und ihre Honorare (Adressen im Serviceteil).

7.4 Umsetzung

7.4.1 Corporate Design

Das Selbstverständnis zeigt sich

In der visuellen Umsetzung geht es darum, das Leitbild bei der Gestaltung von Produkten und ihrer Verpackung, der Kommunikationsmittel sowie der Architektur zu vermitteln (siehe Kap. 6.3.1).

Faktoren für ein gelungenes einheitliches Design

Design-Papst Wolfgang Schmittel nennt folgende Voraussetzungen für ein gelungenes einheitliches Design (Schmittel, 1984):

1. „Marke und gestalterischer Auftritt müssen übereinstimmen (Stil, Erscheinungsbild). Aussage und entsprechende visuelle Ausformung müssen sich entsprechen, Gesamtausdruck, visuelle Qualität müssen zum Image passen.
2. Gestaltungselemente sind klar und eindeutig festzulegen, und dann auch langfristig durchzuhalten... Wechselspiele, modisch-typografischer Zeitgeschmäcklerei folgend oder um ‚trendgerecht' dem so genannten Publikumsgeschmack zu entsprechen, erzeugen Verwirrung, kosten Anstrengungen, Geld und Zeit: um ein neues, fremdes Bild zu schaffen!

3. Alle Designfaktoren und Gestaltungskriterien müssen die Möglichkeit der Übertragbarkeit von einem Medium zum anderen haben und sind gleichartig anzuwenden.
4. Eine eindeutige Identity ist nicht das Ergebnis von vielen bzw. einer Vielzahl von Einzelaktivitäten! Einheitlichkeit und Übereinstimmung entstehen nur durch Konsequenz und verantwortliche Zuständigkeit einer entscheidenden (!) Zentralstelle.
5. Die lokalen Werbeauftritte dürfen die ‚Persönlichkeit' des Unternehmens nicht beeinflussen oder verändern. Die Gestaltung muss regional wie international den gleichen Spielregeln folgen und zumindest visuell die gleiche Anmutung haben, unbeschadet der marktnotwendigen Aussagen.
6. Identität haben heißt einen Gestaltungsrahmen schaffen. Das Erscheinungsbild darf nicht ständig wechseln. Beständigkeit und vor allem Erkennbarkeit in der charakteristischen Anmutung soll Vertrauen schaffen.
7. Die Unternehmensleitung muss sich ganz mit der Corporate Identity identifizieren, sie in allen Bereichen durchsetzen und nach außen in jedem Medium vertreten."

CD-Infomedien geben Richtlinien vor

Am Beginn der CD-Aktivitäten entwickeln Sie verbindliche, allgemein gültige Gestaltungsrichtlinien für das gesamte Unternehmen. Zusammen mit einigen Arbeitsmitteln, wie zum Beispiel Reprovorlagen der Logos und Maßblätter der Raster, werden sie in einem Manual niedergelegt und dann möglichst breit im Unternehmen und an zuarbeitende Agenturen verteilt. Zunehmend setzt sich hierbei das rein digitale Regelwerk im Intranet durch, das auch den weltweiten Zugang im Unternehmen sicherstellt. Der Vorteil: Logovorlagen, Schrifttypen, Farbparameter, Dokumentvorlagen, Gestaltungsraster etc. sind fälschungssicher und können in höchster digitaler Präzision eingebunden werden. Ohne Qualitätsverlust werden sie kostengünstig sofort weiterverarbeitet. Schließlich sichert dieser Weg auch die visuelle Beständigkeit und die Korrektheit des Designs.

7.4.2 Corporate Communication

Die Corporate Communication vermittelt Ihre Unternehmenspersönlichkeit durch eine widerspruchsfreie, abgestimmte

Werbemittel nehmen Gestalt an

Kommunikation nach innen und außen (siehe Kap. 6.3.2). In der WERBUNG geht es um die Gestaltung der Werbemittel. Das ist die Form einer Werbebotschaft als Anzeige, Funkspot, TV-Spot, Kinospot, Plakat, Broschüre oder als anderes visuelles Medium. Außerdem werden Werbeträger als Medium für Werbebotschaften gebucht wie Zeitschrift, Zeitung, Funk, Fernsehen, Kino, Plakate und Litfaßsäulen.

Am Verkaufsort geht es rund

In der VERKAUFSFÖRDERUNG gestalten Sie typische Aktionsmittel, wie zum Beispiel Displays in verschiedener Form, Prospekte für Preisausschreiben, Zweit- und Sonderplatzierungen, Sonderpackungen, Packungen mit Zusatznutzen für den Verbraucher. Gratisproben werden verteilt und Preisausschreiben und Gewinnspiele veranstaltet.

Die Kommunikation mit Bezugsgruppen gewinnt Konturen

In den PUBLIC RELATIONS gestalten Sie zum Beispiel die Medienarbeit für Presse, Hörfunk, Fernsehen und Fachpublikationen. Weitere Instrumente sind CI-Anzeigen, Broschüren, Filme, audiovisuelle Medien wie CD-ROM, Veranstaltungen wie Ausstellungen und Kongresse, Unterstützung von Veranstaltungen in den Bereichen Kultur, Sport, Soziales etc.

INTERNE MEDIEN sind Schwarzes Brett, Betriebsversammlungen, Mitarbeiterzeitung, Gespräche zwischen der Geschäftsführung und Mitarbeiter(-gruppen), regelmäßige Mitarbeiterbesprechungen, Einführungsschriften für neue Mitarbeiter, aktuelle schriftliche Informationen, Infodienste für spezielle Leserkreise wie Meister, Management, Vertrieb.

7.4.3 Corporate Behaviour

Das Leitbild wird gelebt

Im Corporate Behaviour, dem Verhalten des Unternehmens, wird das gemeinsame Selbstverständnis gelebt (siehe Kap. 6.3.3). Hierzu wird das gemeinsam erarbeitete Leitbild in das Unternehmen getragen und in bereichsspezifische Grundsätze transformiert – zum Beispiel für das Personalwesen. Das Formulieren der Grundsätze kann in Projekten stattfinden, in welche die Mitarbeiter einbezogen sind, da sie die Bereichsleitsätze umsetzen müssen (siehe Kap. 7.1).

Vorgaben durch Führungsleitsätze

Das Umsetzen des leitbildgerechten Verhaltens erfolgt meist über Führungsleitsätze, die den Führungs- und Kooperationsstil des Unternehmens beeinflussen sollen. Diese Führungsgrundsätze beinhalten Vorgaben zur Delegation von Aufgaben und Kompetenzen, gezielte Information der Mitarbeiter, Bestimmung von Zielen und Arbeitsschwerpunkten, Motivation und Förderung der Mitarbeiter, Beurteilung der Mitarbeiter, Kontrolle und Dienstaufsicht. Die Mitarbeiter werden zu selbstständigem und initiativem Handeln aufgefordert, zur Identifikation mit den Aufgaben und Zielen des Unternehmens, zu rechtzeitiger und umfassender Information der Führungskräfte, selbstständiger Informationsbeschaffung, der Bereitschaft zur Aus- und Weiterbildung, zu kollegialer Zusammenarbeit mit Vorgesetzten und Kollegen.

Umsetzen der Führungsleitsätze

Um die Umsetzung der Führungsleitsätze zu unterstützen, können Sie entsprechend den Leitsätzen ein eigenes Beurteilungssystem für Führungskräfte im außertariflichen Bereich aufbauen. Leitbild und Führungsleitsätze geben außerdem Orientierung für die Nachfolgeplanung und die Besetzungspolitik. Unter Beteiligung von Führungskräften kann ein Personalbeurteilungsverfahren für alle Mitarbeiter erstellt werden. Darüber hinaus fließen die Vorgaben ein in Stellenbeschreibungen, Zielvereinbarungen im Rahmen von Mitarbeitergesprächen, in das Vorschlags- und Beschwerdewesen oder ein Gewinnbeteiligungssystem.

Schulung und Training

Das gewünschte Verhalten muss gelernt und geübt werden. Dafür ist systematisches und wiederholtes Training der Führungskräfte und Mitarbeiter erforderlich. Gerade den Führungskräften verlangt dieser Prozess einiges ab: Sie müssen sich von Statussymbolen verabschieden, mit anderen Abteilungen zusammenarbeiten. Gleichzeitig müssen sie sich zurücknehmen und stärker Verantwortung delegieren. Sie müssen lernen, Fehler zu tolerieren – auch eigene – und ihre Mitarbeiter daraus lernen zu lassen und selbst zu lernen. Kein Titel schützt mehr davor, auch von Mitarbeitern kritisch hinterfragt zu werden. Für die Mitarbeiter bedeutet das neue Selbstverständnis häufig, dass sie mehr Verantwortung tragen und eigene Entscheidungen treffen müssen. Ihre Leistung ist transparenter, dadurch sind sie stärker gefordert. Sie sollen in Teams arbeiten und sich qualifizieren. Und: Die Zeit des sicheren Arbeitsplatzes ist meist vorbei und weicht ständiger Entwicklung.

Warum nicht erst einmal proben?

Warum nicht das Leitbild und seine Umsetzung eine Zeit lang im Unternehmensalltag proben und danach verbindlich einführen? Natürlich nur falls sinnvoll und möglich!

Besonders das Management wird in der ersten Zeit kritisch beäugt, ob es die Leitsätze ernst nimmt. Leicht vorzustellen, was passiert, wenn die Geschäftsführung neuerdings Teamarbeit propagiert, selbst aber zerstritten ist. In Unternehmen ist über Jahre ein Denken und Handeln entstanden, an dem sich die Mitarbeiter orientieren, das aber ziemlich festgefahren ist. Änderungen durch den CIM-Prozess haben da schlechte Karten.

DIE GESCHÄFTSLEITUNG MUSS DAHER EINDEUTIG UND KONSEQUENT HINTER DEM PROZESS STEHEN, VORLEBEN UND SANKTIONIEREN!

Zieht das Management nicht konsequent an einem Strang, verliert der Prozess an Glaubwürdigkeit und an Bedeutung.

7.5 Kontrolle

Bewerten des Erfolgs

In Zeiten stark begrenzter Ressourcen muss der Verantwortliche für das CIM nachweisen, welchen Beitrag er zum Erreichen der Unternehmensziele und zur Steigerung des Unternehmenswertes leistet. Und das ist gut so. Aber wann, woran und wie wird der Erfolg gemessen?

Der Begriff „Erfolg" ist subjektiv: Jeder versteht etwas anderes darunter. Daher ist es wichtig, dass die Beteiligten schon vor Beginn der CIM-Aktivitäten gemeinsam festlegen, welchen erreichten Zustand sie als Erfolg werten. Angestrebte Zustände sind Ziele (siehe Kap. 7.3.1).

ERFOLG BEDEUTET, SEINE ZUVOR FESTGELEGTEN ZIELE ERREICHT ZU HABEN. GIBT ES KEIN ZIEL, IST KEINE ERFOLGSBEWERTUNG MÖGLICH!

Steht kein Ziel fest oder ist es ungenau formuliert, bleibt es den Beteiligten überlassen (Vorstand, Leiter der Unternehmenskommunikation etc.), wie sie das Ergebnis einschätzen: Waren 500 Besucher am Tag der offenen Tür ein Erfolg? Hat das CIM gute Arbeit geleistet, wenn 1.000 Imagebroschüren abgefordert wurden? Das Problem: Da im Unternehmen meist die Devise „Oben sticht unten" gilt, ist der CIM-Verantwortliche gegenüber der Meinung seines Chefs in der schwächeren Position. Um also die Einschätzung nicht auf die Beziehungsebene, sondern auf die Sachebene zu verlagern, ist es zwingend, zwischen den Beteiligten die Ziele festzulegen.

LEGEN SIE DIE ZIELE DES CIM-PROZESSES FEST UND STIMMEN SIE DIESE MIT DEN BETEILIGTEN AB!

7.5.1 Zeitpunkte

Messen Sie vorher oder hinterher – oder beides

PRE-TEST („VORTEST"): Ein Pretest bewertet die Maßnahmen vor einer Kampagne oder einer Aktion. Diese Ergebnisse können später mit den Werten verglichen werden, die nach einer CIM-Kampagne erhoben werden. Ein Pretest kann auch ein Instrument testen, bevor es in einer groß angelegten Aktion eingesetzt wird, zum Beispiel eine Imageanzeige.

Hierzu stellt eine möglichst unabhängige Person Mitgliedern der Bezugsgruppen das Instrument vor und fragt sie nach deren Meinung. So kann zum Beispiel vor dem Veröffentlichen einer Image-Broschüre getestet werden, ob Inhalt und Gestaltung tatsächlich den Wünschen und Erwartungen der Bezugsgruppen entsprechen. Um möglichst zuverlässige Ergebnisse zu erhalten, sollten Vertreter aus möglichst allen Bezugsgruppen am Pretest beteiligt sein. Jedem Teilnehmer werden die gleichen Fragen gestellt und deren Antworten und Meinungen sorgfältig notiert und ausgewertet.

LAUFENDE UNTERSUCHUNG (IN-BETWEEN-TEST): Sie beantwortet die Frage, ob sich der Prozess wie gewünscht entwickelt und die Maßnahmen wie geplant laufen. Durch fortlaufendes Prüfen und Kontrollieren erkennt der CIM-Profi etwaige Schwachstellen und kann sein Handeln flexibel anpassen. Hierbei helfen die formulierten Zwischenziele, die er während einer Aktion oder Kampagne prüft und hernach eventuell Maßnahmen korrigiert und neue hinzufügt.

NACHTRÄGLICHE UNTERSUCHUNG („POST-TEST"): Er untersucht die Frage, ob eine Prozessphase oder eine Kampagne erfolgreich war und was beim nächsten Mal verbessert werden muss. Vor allem interessiert, ob die Bezugsgruppen erreicht wurden, welche Informationen sie aufgenommen und wie verarbeitet haben und welches Image entstanden ist beziehungsweise verändert wurde.

KONTROLL-ZEITPUNKTE	ERLÄUTERUNG	ERKENNTNIS-INTERESSE
Vorher (Pre-Test)	Bewertung der Kommunikationsaktivitäten (Maßnahme, Aktion etc.) vor der Umsetzung. Ziel ist die Optimierung von Kommunikationsaktivitäten und das Verringern des Risikos durch begrenzte Feldtests. Ergebnisse können bei Bedarf mit jenen Werten verglichen werden, die nach einer Kampagne erhoben werden (siehe Post-Test).	Wie wird die Bezugsgruppe auf die gestalteten Maßnahmen reagieren? Was lässt sich vor der endgültigen Umsetzung optimieren? Funktioniert die technische Umsetzung, zum Beispiel bei Websites?
Während (In-Between-Test)	Fortlaufendes Prüfen und Kontrollieren der Kommunikation. Ziel: Schwachstellen erkennen, um das Handeln flexibel anzupassen. Hilfreich sind formulierte Zwischenziele bzw. definierte Meilensteine.	Verlaufen die Kommunikationsaktivitäten wie geplant? Kann die beabsichtigte Wirkung erreicht werden? Was kann optimiert werden?
Nachher (Post-Test)	Bewertung der Kommunikation nach den Aktivitäten Ziel: Bewertung der gesamten Kommunikation. Vor allem interessiert, ob die Bezugsgruppen erreicht wurden, welche Botschaften sie aufgenommen haben und wie sie diese verarbeitet haben.	Sind die Ziele (Bekanntheit und Image) erreicht und ist das Kommunikationsproblem gelöst? Was hätte besser laufen können, um dies beim nächsten Mal zu berücksichtigen? Was ist gut gelaufen, um dies beim nächsten Mal beibehalten zu können?

Abb. 7.8: Zeitpunkte der Erfolgskontrolle

7.5.2 Instrumente

Legen Sie die Methode der Messung fest

Mit welchen Methoden werden solche Bewertungen durchgeführt?

PERSÖNLICHE BEURTEILUNG: Eine persönliche Beurteilung erfolgt zum Beispiel anhand der Hinweise von Mitarbeitern und Kollegen, beobachtbaren Verbesserungen im Betriebsklima, externen Stellungnahmen aus dem Beschwerdewesen sowie Leserzuschriften, Hörerpost, Anrufen und Briefen. Diese Methode kostet zwar kein Geld, bietet aber kein zuverlässiges Bild der Wirklichkeit. Vielleicht schreiben Mitarbeiter nur dann Briefe an die Geschäftsleitung, wenn sie das Unternehmen besonders positiv oder negativ beurteilen. Fazit: Einzelmeinungen lassen sich nicht verallgemeinern. Dennoch sollten natürlich eingehende Beschwerden ernst genommen werden.

Systematische Studien: Zuverlässig können den Erfolg von CIM-Maßnahmen nur systematische Studien bewerten. Darunter fallen Imagestudien, Mitarbeiterbefragungen oder Interviews durch Meinungsforschungsinstitute, die Ihre Bezugsgruppen direkt zur Bekanntheit und zum Vorstellungsbild Ihres Unternehmens befragen.

Zuverlässig können den Erfolg von CIM-Maßnahmen nur systematische Studien bewerten

Instrumente der Erfolgskontrolle

	Erläuterung	Beispiele
Befragung	Annahme: Die Auskunftsperson kann auf Fragen die interessierenden Antworten geben. Vorteil: Leicht erfassbar Nachteil: Aussagen der Person müssen nicht zutreffen, wie im Fall unbewusster und sozial unerwünschter Antworten. Befragungen unterscheiden sich nach dem Umfang der Vorgaben durch den Forscher: Möglich sind allgemeine Themen bis hin zu konkreten Einzelfragen. Befragungen können mündlich, schriftlich, telefonisch und elektronisch durchgeführt werden.	Offenes Interview: Es gibt (fast) keine Fragevorgabe, nur das Thema wird genannt. Der Fragende ist offen für alles, was ihm die Auskunftsperson mitteilen kann/möchte. Leitfadeninterviews: Sie enthalten fünf bis zehn Leitfragen, die das Gespräch strukturieren und die Vergleichbarkeit der Ergebnisse erleichtern. Beispiele für Leitfragen: • *Welche Meinung haben Sie über das Unternehmen?* • *Was erwarten Sie künftig von ihm?* • *Was gefällt Ihnen an dieser Broschüre insgesamt, was nicht?* • *Wie ist Ihre Meinung beim Durchblättern?* • *Was lesen Sie, was nicht?* • *Was fällt Ihnen besonders auf?* Standard-Fragebogen: Dieser listet konkrete Fragen auf und gibt der Auskunftsperson wenig Freiraum bei der Beantwortung.

Beobachtung	Prinzip: Erfasst das Verhalten von Menschen. Vorteil: Leicht zu erfassen. Nachteil: Keine Aussagen über Gründe und Motive des Verhaltens möglich. Daher sind auch nur schwer Aussagen über künftiges Verhalten möglich.	Print: Blättern die Leser die Broschüre nur durch, lesen sie einzelne Seiten oder lesen sie jede Seite intensiv? Online: Wie verhalten sich Menschen beim Surfen auf der Website: Wie schnell gehen sie vor? An welchen Stellen verweilen sie? Veranstaltung: Wie verhalten sich die Teilnehmer einer Veranstaltung, zum Beispiel auf einer Analystenkonferenz: Beteiligen sich alle, viele oder nur wenige? Medienbeobachtung: Was haben die Medien veröffentlicht? Welche Aussagen stehen im Vordergrund? Mit welchem Tenor? In welchen Medien? Auswertung von Leserzuschriften, Hörerpost und Briefen
Experiment	Herstellen einer künstlichen (Labor-)Situation zur Beantwortung der Forschungsfrage, um störende Außeneinflüsse zu vermeiden.	Protokoll lauten Denkens: Menschen „denken laut" beim Blättern in einer Broschüre oder dem Surfen im Internet. Schnellgreifbühne: Menschen sollen aus mehreren Broschüren spontan drei bis fünf Favoriten wählen.
Spezialform: Panel	Prinzip: Regelmäßig wiederholte Befragungen der gleichen Personen aus einer Bezugsgruppe. Dies kann Auskunft geben über die Entwicklung der Meinungen der Bezugsgruppe.	Mögliche Fragen: • *Was hat sich in den letzten Ausgaben der Broschüre geändert?* • *Welche Meinung hatten Sie, welche haben Sie heute?*

Abb. 7.9: Instrumente der Erfolgskontrolle

Solche Studien sind zwar organisatorisch und finanziell aufwändig, aber was nutzt Ihnen eine Maßnahme, die jährlich einige tausend Euro kostet, aber von der Sie nicht wissen, ob sie von den Mitarbeitern genutzt und wie sie bewertet wird.

Die Studien können Sie von externen Dienstleistern wie Instituten, Beratern und Agenturen durchführen lassen. Der CIM-Experte ist zuständig für Konzeption, Koordination und Kommunikation. Diese Arbeitsteilung sorgt dafür, dass Zeit, Geld und Personal optimal eingesetzt sind. Das Budget für die Studien wird möglichst fest in den Projektetats verankert. Steht kein Geld bereit, können Sie versuchen, mit Bordmitteln auszukommen nach dem Motto:

SO SORGFÄLTIG WIE MÖGLICH, SO AUFWÄNDIG WIE NÖTIG!

8 ORGANISATION DES CORPORATE IDENTITY MANAGEMENTS

Voraussetzungen für den Erfolg des CIM

Professionelles CIM ist an organisatorische Voraussetzungen gebunden: Diese betreffen die beteiligten Personen, Rollen und Verantwortlichkeiten, Prozesse, Strukturen, die eingesetzte Informationstechnologie sowie die Kommunikationskultur. Da die Gestaltung des gemeinsamen Selbstverständnisses über die Unternehmenspersönlichkeit die Unternehmenspolitik direkt betrifft, muss Ihr CIM von der Geschäftsleitung getragen werden. Dies umfasst sowohl ein klares Ja zum CIM, frühzeitige und umfassende Informationen und Entscheidungen sowie einen ausreichenden Etat.

8.1 Menschen

Zahl, Ausbildung und Qualifizierung

Die Menschen spielen für die Organisation des CIM die zentrale Rolle: Die Mitarbeiterzahl ist relevant, weil sie über die Leistungsfähigkeit des CIM entscheidet. Steht nur eine begrenzte Zahl zur Verfügung, kann externe Hilfe vorübergehend oder dauerhaft unterstützen.

Wichtig sind auch Ausbildung und Erfahrung: Sind die Mitarbeiter ausgebildete Profis oder Quereinsteiger? Wie wird im Fall des Quereinstiegs gewährleistet, dass die Mitarbeiter im CIM durch angemessene Ausbildung professionell arbeiten und nicht überfordert sind?

Anforderungen an den CIM-Verantwortlichen

Die Ausbildung des CIM-Verantwortlichen ist besonders wichtig: CIM ist eine zukunftsgerichtete, anspruchsvolle Managementaufgabe, die vielfältige Qualifikationen erfordert:

- FACHKOMPETENZ: Grundlagen der Kommunikation, Kenntnisse in Betriebswirtschaft, um den Gesamtzusammenhang des CIM und dessen Wertschöpfung für das Unternehmen bewerten zu können.
- METHODENKOMPETENZ: Vernetztes Denken, strategisches Denken, Handlungsorientierung.
- SOZIALKOMPETENZ: Kommunikationsfähigkeit mit den vielen internen und externen Kommunikationspartnern, Kenntnisse in Teambildung.

Da es keine geregelte Ausbildung zum CIM-Manager gibt, müssen sich die Verantwortlichen diese Kompetenzen stückweise aneignen. Einige Ausbildungsinstitute sind im Serviceteil aufgeführt.

8.2 Strukturen

Unterstützung durch die Chefetage

CIM hilft, die Unternehmensziele zu erreichen. Die Stellung der Abteilung oder des beauftragten Mitarbeiters innerhalb des Unternehmens ist für den Erfolg der Arbeit von entscheidender Bedeutung: Die Verantwortlichen müssen in den internen Informationsfluss und die Meinungsbildung eingebunden sein. Ist die Funktion irgendwo im Unternehmen angesiedelt, zum Beispiel als unbedeutendes Anhängsel der Marketingabteilung, kann sie ihre Aufgaben nicht optimal erfüllen: Zu lange dauert es, bis Informationen, wenn überhaupt, zum Verantwortlichen gelangen; zu gering sind seine Chancen, Entscheidungen herbeizuführen, die für seine Arbeit wichtig sind. Stattdessen sollte die CIM-Funktion organisatorisch bei der Unternehmensführung angesiedelt sein – zum Beispiel als Stabsstelle der Unternehmensleitung.

Vorteile der Zuordnung zur Geschäftsleitung

Diese Zuordnung hat vor allem folgende Vorteile:

- CIM WIRD ERNST GENOMMEN: Die Stabsstelle zeigt nach innen und außen, wie bedeutend das CIM ist.
- INFORMATIONEN SIND FRÜHER VERFÜGBAR: Trifft die Unternehmensleitung wichtige Entscheidungen, können diese frühzeitig an die Mitarbeiter und externe Bezugsgruppen weitergegeben werden.
- ENTSCHEIDUNGSWEGE SIND KÜRZER: Entscheidungen über wichtige Maßnahmen können notfalls auch kurzfristig getroffen und ständig aktualisiert werden.

- IHRE MEINUNG FLIESST IN ENTSCHEIDUNGEN EIN: Es wird immer wichtiger werden, die Signale des Umfeldes aufzunehmen und gezielt in die Entscheidungen des Unternehmens einfließen zu lassen (siehe Kap. 1.3). Ein enger Kontakt zwischen dem CIM-Verantwortlichen und der Geschäftsleitung kann dies sicherstellen.

Kleine Firmen haben es leichter

Diese Vorteile spüren CIM-Manager in kleinen und mittleren Unternehmen viel schneller als Kollegen in großen Firmen, in denen die Entscheidungswege oft viel länger und Diskussionen zäher sind.

Die Chemie muss stimmen

Was ebenfalls absolut wichtig ist: Der CIM-Manager muss Achtung, Vertrauen und Wertschätzung der Geschäftsleitung erfahren. Gilt er als inkompetent, hat er von vornherein geringe Chancen, die Gestaltung des gemeinsamen Selbstverständnisses des Unternehmens ernsthaft und professionell zu betreiben. Auch die Chemie zwischen CIM-Manager und Geschäftsführer muss stimmen: Immerhin müssen auch diese beiden eng und vertrauensvoll zusammenarbeiten.

8.3 Prozesse

Angemessene Handlungsketten

Prozesse sind Handlungsketten mit definiertem Ergebnis. Für das CIM sollen angemessene Prozesse die Ausrichtung an der Unternehmensstrategie und den Unternehmenszielen sicherstellen sowie die erforderliche Aktualität, die Internationalisierung und das widerspruchsfreie Auftreten gewährleisten.

Geeignete Prozesse müssen gezielte Koordination und Kontrolle ermöglichen und die übergreifende Zusammenarbeit stärken. Dies ist zum Beispiel deshalb notwendig, damit sich alle Beteiligten auf gemeinsame Kommunikationsaussagen einigen und diese angemessen umsetzen. Netzwerke und Workshops spielen hierbei die herausragende Rolle.

DIE PERSÖNLICHE KOMMUNIKATION WIRD HIERBEI DURCH NICHTS ZU ERSETZEN SEIN, DENN SIE IST FÜR DAS ZUSTANDEKOMMEN VON VERTRAUEN UNERLÄSSLICH!

Standard Operating Procedures festlegen

Immer wieder auftretende Prozesse können Sie schriftlich festhalten (SOPs, Standard Operating Procedures). Damit werden sie verbindlich und jeder kann sie nachlesen.

8.4 Rollen und Verantwortlichkeiten

Zuständigkeiten festlegen

Damit sich das CIM dauerhaft entwickeln kann, werden verantwortliche Funktionen eingerichtet sowie Rollen und Verantwortlichkeiten geklärt. In den meisten Unternehmen geschieht dies nicht sorgfältig genug, was dazu führt, dass keiner weiß, wer für etwas zuständig und wer verantwortlich ist.

Daher werden Schlüsselrollen und Kompetenzen von Entscheidungsträgern vorab definiert, klar abgegrenzt, im Unternehmen kommuniziert und fest verankert.

Fester Ansprechpartner

Es ist wichtig, dass es einen Ansprechpartner gibt, dessen Namen die Mitarbeiter kennen.

- Der CIM-MANAGER ist ständiger Verantwortlicher für die Gestaltung und Entwicklung des CI-Prozesses. In kleineren und mittleren Unternehmen übernimmt diese Aufgabe oft der Inhaber, der Geschäftsführer oder ein Assistent der Geschäftsleitung. In größeren Unternehmen gibt es einen eigenen Mitarbeiter hierfür, der dies eventuell mit einem Teil seiner Arbeitszeit betreibt.

  Der CIM-Manager leitet aus den kurz-, mittel- und langfristigen Unternehmenszielen die Ziele des CIM-Prozesses ab. Er sucht Mitarbeiter aus und setzt sie angemessen ein, um die CIM-Ziele (siehe Kap. 4) zu erreichen. Er stimmt sich mit den anderen Funktionen im Unternehmen ab. Er steuert und kontrolliert den CIM-Prozess, damit dieser den Unternehmenswert steigert.
- Der SPONSOR IN DER GESCHÄFTSFÜHRUNG, am besten der Vorstandsvorsitzende, sichert die erforderliche Unterstützung des Top-Managements.
- UNTERSTÜTZENDE FUNKTIONEN sind zum Beispiel die Weiterbildungsabteilung, die Personalabteilung, die Finanzabteilung und die Grafikabteilung.
- VERANTWORTLICHE IN GREMIEN: Jedes Gremium bestimmt den Verantwortlichen, der für jede Sitzung festhält, welche relevante Information entstanden ist und ob diese intern oder extern weitergegeben wird.

8.5 Informationstechnologie

Elektronisch unterstützte Kommunikation

Die Informationstechnologie spielt für das CIM eine wesentliche Rolle: Zum einen unterstützt sie die Durchführung durch angemessene Hardware (Computer, Drucker, Scanner etc.) und Software (Textverarbeitung, Grafikprogramm, Adressenverwaltung etc.); zum anderen ist sie Plattform, auf der Sie mit Ihren Bezugsgruppen reden und auf der Sie Gestaltungselemente anbieten können (siehe Kap. 6.3.1).

Die allgemeine Frage der angemessenen Informationstechnologie für das CIM ist hier schwer zu beantworten: Hardware und Software ändern sich zu rasch.

8.6 Zusammenarbeit mit Agenturen

Externe Unterstützung

Agenturen spielen für das CIM eine wichtige Rolle: Sie unterstützen die Verantwortlichen bei der strategischen Ausrichtung und setzen Maßnahmen um.

Die Zusammenarbeit gestaltet sich in der Praxis mitunter schwierig: Die Unternehmen möchten von den Agenturen eine möglichst preiswerte Leistung, die sich nach ihren Wünschen richtet. Diese Vorstellungen sind oft mehr als vage, was die Agenturen verunsichert.

Die Agenturen möchten meist große Etats übernehmen und in langfristige Kampagnen eingebunden sein. Dabei wollen sie möglichst große Gestaltungsspielräume, was wiederum häufig zu Spannungen mit den Unternehmen führt, wenn diese mit dem Vorgehen der Agenturen nicht einverstanden sind.

8.6.1 Auswahl

Empfehlungen für die Agenturauswahl

Für die Auswahl der richtigen Agentur folgende Empfehlungen:

- Die Agentur sollte anerkennen, dass sie Ihr Dienstleister ist: Immerhin sind es Ihre Probleme, die die Agentur mit Ihrem Geld lösen soll. Sie sind es, der über die erforderlichen Kenntnisse über das Unternehmen, sein Umfeld und seine Bezugsgruppen verfügt (was natürlich nicht bedeutet, dass dies die Agentur nicht kritisch hinterfragen sollte). Ganz wichtig:

  Letztlich zählt Ihre Entscheidung!

- Überlegen Sie genau, was Sie von einer Agentur wollen – und was nicht. Schreiben Sie dies auf und geben Sie dies auch der Agentur.
  Generell gilt meist:
  - Die Agentur sollte fachkundig sein und schon einige unterschiedliche CIM-Prozesse erfolgreich durchgeführt haben.
  - Die Agentur sollte ein strategisches Konzept entwickeln und die Maßnahmen kreativ umsetzen können.
  - Die Agentur sollte Sozialkompetenz besitzen, um die Zusammenarbeit der beteiligten Funktionen im Unternehmen angemessen zu koordinieren. Hierzu gehören Kommunikationsfähigkeit, Teamfähigkeit, Know-how in der Wissensvermittlung und im Umgang mit zwischenmenschlichen Konflikten.
  - Sie sollte über Methodenkompetenz verfügen, vor allem in Prozessen und im Projektmanagement.

Laden Sie immer mehrere Agenturen ein

- Laden Sie immer mehrere Agenturen ein (drei bis fünf). Lassen Sie sich Arbeitsbeispiele vorstellen und – gegen Honorar – eine Konzeptidee (Ideenskizze) entwickeln, anhand derer Sie das geplante Vorgehen erkennen können. Wählen Sie dann sorgfältig aus. Hierbei hilft ein Kriterienkatalog, in den Sie die wichtigen Merkmale aufnehmen, über die die Agentur bzw. deren Leistung verfügen muss (kreativ, vorausschauend, kostengünstig etc.).
- Die Beziehungsebene spielt die zentrale Rolle für die Zusammenarbeit mit der Agentur. Sie sollte daher persönlich verlaufen – Studien zufolge entscheiden sich 80 Prozent der Unternehmen für die sympathischste Agentur. Prüfen Sie daher, ob die Chemie stimmt und die Agentur zu Ihnen passt.

  Prüfen Sie auch, ob die Agentur zu Ihrem Unternehmen passt. Immerhin muss sie oft die Lösungen der Geschäftsleitung vorstellen und mit ihr diskutieren.
- Achten Sie darauf, wie stark die Agentur versucht, sich in Ihre Situation hineinzuversetzen. Oft ist dies nicht der Fall. Der Auftraggeber ist dann verwundert, wenn die Agentur schon eine Lösung entwickeln will, obwohl sie das Problem noch nicht verstanden haben kann.
- Sie sollten über die Kenntnisse und Fähigkeiten verfügen, die Agenturleistung bewerten zu können.

- Achten Sie darauf, ob und wie schlüssig die Agentur die vorgestellte Konzeptlösung begründet.
- Die Konzepte sollten höchste Individualität besitzen – also keine Standardlösungen!
- Achten Sie bei der Zusammenarbeit unbedingt darauf, alle Absprachen möglichst sorgfältig schriftlich festzuhalten, zum Beispiel in Gesprächsprotokollen, Verträgen etc.
- Gestalten Sie den Vertrag so, dass Sie stets die Zusammenarbeit beenden können, wenn diese problematisch ist. Trennen Sie die Konzept- und die Gestaltungsphase, weil die meisten Agenturen nicht beides gut können.

Keine Standardlösungen

8.6.2 Briefing

A und O der guten Zusammenarbeit

Das A und O der guten Zusammenarbeit ist das aussagekräftige Briefing. Das Briefing ist die schriftlich festgehaltene Zusammenstellung aller Informationen, die zur Erfüllung der Konzeptionsaufgabe erforderlich sind. Das Briefing wird in der Regel zunächst mündlich vorgetragen, erläutert und dann schriftlich festgehalten und ausgehändigt, um Missverständnisse zu vermeiden und nachschlagen zu können.

Die Qualität des Briefings entscheidet wesentlich über das Ergebnis des entwickelten Konzeptvorschlags. Daher gilt:

Das Konzept kann nur so gut sein wie das Briefing!

Inhalt des Briefings sind Informationen zum Auftrag, dem Problem, zum internen und externen Umfeld, den Unternehmenszielen, zu Bekanntheit und Image, Produkten, Budget und zum Zeitrahmen.

Ein gutes Briefing zeichnet sich dadurch aus, dass der Auftraggeber alle wichtigen Informationen offen und anschaulich vermittelt und dass der Auftragnehmer fachkundig und einfühlsam fragt. Für Ihr CIM bedeutet dies:

Versetzen Sie sich in die Rolle der Agentur und überlegen Sie, welche Informationen die Agentur für die Erfüllung Ihrer CIM-Aufgabe braucht!

Typische Briefingfragen

Halten Sie dies schriftlich und in übersichtlicher Form fest (siehe Checkliste im Serviceteil). Das Briefing dauert in der Regel eine bis eineinhalb Stunden.

8.6.3 Konzeptpräsentation

Gut vorbereitet ist halb gewonnen

Die Konzeptpräsentation sollte vor den Entscheidern erfolgen. Sie dauert zwischen 20 und 45 Minuten, je nach Problem und Situation. Sie sollten den Zeitrahmen unbedingt früh genug mit allen Beteiligten abstimmen und vor der Präsentation wiederholen. Dies gilt damit als Spielregel und kann Ausschlusskriterium für die Agentur sein, zum Beispiel weil sie die Lösung nicht auf den Punkt bringt. Dies spricht für mangelhaftes Zeitmanagement, was Sie eventuell im Fall der Auftragserteilung bezahlen müssen!

Sie sollten vor der Präsentation klären, welche Schwerpunkte präsentiert werden sollen: Der strategische Ansatz, die operativen Maßnahmen oder beides gleichermaßen. Die Aktionisten bevorzugen die Präsentation der Maßnahmen, die Planer den strategischen Ansatz.

Prüfen Sie die präsentierte Lösung anhand Ihres Kriterienkatalogs und entscheiden Sie, welche Agentur sowohl auf der Sachebene und als auch auf der Beziehungsebene am besten zu Ihnen passt. Fragen Sie die Agentur, welche Alternativen es gab und warum die vorgestellte Lösung die beste aller möglichen Lösungen ist. Bedanken Sie sich bei den anderen Agenturen für den Entwurf der Ideenskizze und für die Präsentation.

9 Identitätsmanagement von Unternehmen und Marken

Koordinierter Einsatz

Künftig wird es aufgrund der Entwicklungen im Markt, in den Unternehmen und in der Gesellschaft immer wichtiger, das Selbstverständnis über die Unternehmenspersönlichkeit und die Produktpersönlichkeiten (Marken) integriert zu gestalten. Ziel ist es, einen einheitlichen Unternehmensauftritt zu gewährleisten und Synergien zu nutzen, damit ein starkes Image entstehen kann.

9.1 Unternehmenssysteme

Koordination mehrerer Unternehmen

Die Komplexität von Unternehmen ist in den vergangenen Jahren erheblich gestiegen (siehe Kap. 1.2). Heute sind viele

Unternehmen Teil eines Unternehmenssystems, meist eines Konzerns, der Einzelfirmen miteinander verbindet.

Beziehungen der Unternehmenspersönlichkeiten

Hierbei können die Einzelunternehmen in unterschiedlicher Beziehung zueinander stehen:

- EIGENSTÄNDIGE PERSÖNLICHKEITEN: Jedes Einzelunternehmen hat eine eigene, unverwechselbare Unternehmenspersönlichkeit, deren Profil auf das Bedürfnisprofil der Bezugsgruppen exakt ausgerichtet ist, vor allem auf die Kunden. Vorteile sind, dass es keine negative Ausstrahlung auf ein anderes Einzelunternehmen oder das Konzerndach gibt; der Koordinationsaufwand bei Um- oder Neupositionierungen des Unternehmens ist gering. Jedoch sind die Kosten vergleichsweise hoch, da das Unternehmen keine Gemeinschaftseffekte nutzen kann.
- MEHRERE EIGENSTÄNDIGE PERSÖNLICHKEITEN: Die Einzelunternehmen des Konzerns haben unterschiedliche Merkmale, die sich aber nicht widersprechen. Das CIM beschränkt sich auf die Einzelunternehmen. Synergien entstehen nicht. Ein Beispiel ist der Tierfutterhersteller EFFEM, der zum MASTERFOOD-Konzern gehört. Ein anderes ist der VOLKSWAGEN-Konzern, der mit den Marken BENTLEY, AUDI, VOLKSWAGEN, SEAT und SKODA mehrere Preissegmente abdeckt. Das Problem ist, dass der Name VOLKSWAGEN früher starke und eindeutige Assoziationen hervorrief; heute ist dies nicht mehr so, denn VOLKSWAGEN bietet billige und teure Autos, schnelle und langsame, wirtschaftliche und sportliche. Das Profil hat an Prägnanz verloren!
- KONZERN ALS DACHMARKE: Alle zum Konzern gehörigen Unternehmen übernehmen die Merkmale der Dachmarke. Ein Beispiel ist die *„World of TUI“*. Ein anderes Beispiel ist der englische Konzern VIRGIN, dessen Unternehmenspersönlichkeit eng an den Gründer Richard Branson angelehnt ist und auf über 200 Unternehmen übertragen wird, darunter eine Fluggesellschaft, Cola, und Brautkleidung. Vorteil ist, dass die Unternehmen das Image der Dachmarke nutzen können und gleichzeitig die einzelnen Unternehmensimages die Dachmarke stützen. Nachteil ist, dass Imageprobleme der Dachmarke auf alle Unternehmen wirken – und umgekehrt.

- UNTERSCHIEDLICHE, WIDERSPRECHENDE PERSÖNLICHKEITEN: Die Unternehmen des Konzerns haben unterschiedliche Unternehmenspersönlichkeiten, die sich teilweise widersprechen. Beispiel wäre, wenn der Chemiekonzern auch Naturkost anbietet und das Edelunternehmen auch Billigprodukte.

Unternehmens-architektur

Hilfreich ist es, die Unternehmensarchitektur übersichtlich niederzuschreiben und zu prüfen, was dies für das CIM bedeutet.

Vergleiche mit Menschen

Um das Verhältnis der Unternehmen zueinander zu bestimmen, helfen wieder Vergleiche mit Menschen:

- Gehören alle Unternehmen zu einer Familie? Wenn nein, welche nicht?
- Wer sind die Eltern? Ein Konzern?
- Wer sind die Geschwister? Wer sind die näheren und weiteren Verwandten?
- Welche Gemeinsamkeiten haben die Familienmitglieder?
- Oder unterscheiden sie sich, obwohl sie noch klar als Familie zu erkennen sind?
- Gibt es Außenseiter?

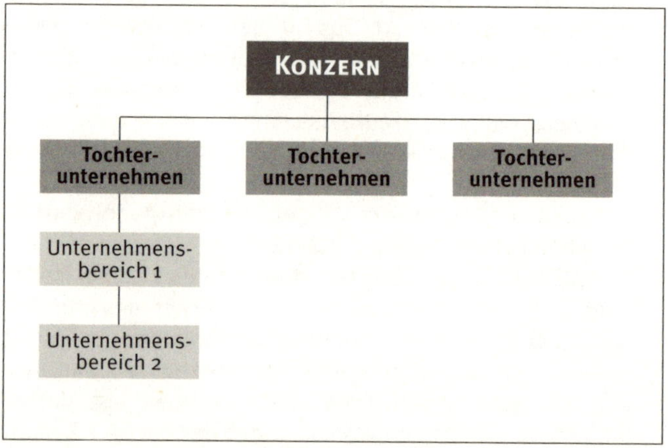

Abb. 9.1: Beispiel für Unternehmensarchitektur

Vergleich mit Sportteam

Ein anderer Vergleich wäre jener mit den Spielern eines Sportteams: Es gibt dominante Spieler, aber auch solche, die eher zurückhaltend sind, aber eine wichtige, stabilisierende und ausgleichende Rolle spielen.

Durch solche Vergleiche können Sie sich Klarheit über die Unternehmensstruktur Ihres Konzerns verschaffen und die Beziehungen glaubhaft kommunizieren – Grundlagen sind die jeweiligen Unternehmenspersönlichkeiten und deren Merkmale.

9.2 Unternehmen und Marken

Unternehmen und Produkte

Das Zusammenspiel der Persönlichkeiten von Marken und Unternehmen wird immer wichtiger (siehe Kap. 1): Das Image der starken Unternehmenspersönlichkeit wirkt sich positiv auf das (neue) Produkt aus; umgekehrt wird auch das Unternehmen positiver erlebt, wenn die Bezugsgruppen positive Vorstellungen von seinen Produkten und Leistungen haben.

Entscheidend ist, dass sich die Images von Unternehmen und Produkten nicht widersprechen! Vergleichen Sie daher die festgeschriebenen Persönlichkeitsmerkmale von Unternehmen und Produkten in den jeweiligen Leitbildern.

KEIN WIDERSPRUCH ZWISCHEN DEN PERSÖNLICHKEITEN VON PRODUKTEN UND UNTERNEHMEN!

Beziehungen zwischen Unternehmen und Marken

Folgende Beziehungen sind zwischen Unternehmen und Marken möglich:

- MARKEN STEHEN IM VORDERGRUND, wie im Fall von RAMA, UNOX und LÄTTA von UNILEVER. Diese Form eignet sich, wenn Marken unterschiedlich positioniert sind, wie etwa im Fall des Konzerns EFFEM und seinen Marken WHISKAS, KITEKAT und SHEBA. Sie kann gewählt werden, wenn von den Mitarbeitern für die Marke X ein anderes Markenverhalten erwartet wird als für die Marke Y, obwohl beide zum selben Unternehmen gehören und Gemeinsamkeiten im Sinne der Unternehmenskultur erwartet werden, um Synergien zu nutzen.
- DIE UNTERNEHMENSPERSÖNLICHKEIT IST DACH ÜBER DEN PRODUKTEN: Viele Markenimages sind durch das Unternehmensimage geprägt, wie im Fall von MICROSOFT (OFFICE), SIEMENS (Handys), DAIMLERCHRYSLER (SMART).

In jeder Leistung drückt sich das Selbstverständnis des Unternehmens aus: Versteht es sich als Qualitätsanbieter, müssen alle Angebote durch ausgewählte Qualität, edle Verpackung und exzellenten Service angereichert sein sowie durch anspruchsvolle Werbung differenziert angepriesen werden. BMW sollte also kein Billigmodell auf den Markt bringen, um japanischer Konkurrenz Paroli zu bieten. Besonders stark kann das Unternehmensdach als Vertrauensanker wirken, wenn dieses direkt an die Führungspersönlichkeiten gekoppelt ist, wie bei Otto, Hipp und Virgin.

- Marken und Unternehmenspersönlichkeit stützen sich gegenseitig: Bei Dienstleistungsunternehmen wie Roland Berger oder den Holiday-Inn-Hotels steht der Unternehmensname zugleich für die Einzelleistungen. Dies hat den Vorteil, die Einzelleistungen mit einem hohen Vertrauensbonus ausstatten zu können. Ist der Kunde mit der Leistung zufrieden, profitiert das Unternehmen in hohem Maß.

Unternehmens- und Produktpersönlichkeit dürfen nicht konkurrieren

In jedem Fall gilt, dass Unternehmens- und Produktpersönlichkeit nicht konkurrieren dürfen, da sonst kein klares und starkes Image entsteht. Dies weist erneut darauf hin, dass es sich beim CIM um einen internen Managementprozess handelt, der sorgfältiges Koordinieren erfordert (siehe Kap. 7.3).

Fazit: Die Ausrichtung der Unternehmenspolitik an der Unternehmenspersönlichkeit ermöglicht, Aussagen zum Selbstbild und zum Fremdbild zu treffen und beides einander möglichst stark anzugleichen. Dieses Verständnis ermöglicht auch, Chancen und Grenzen bei der Fusion zweier Unternehmen oder im Markenportfolio aufzudecken.

9.3 Dimensionen der Integration

Mehrere Aspekte der Integration

Aufgabe des CIM ist, das Gesamtbild vom Unternehmen und seinen Leistungen zu gestalten („Big Picture"). Diese Integration hat mehrere Dimensionen:

- Inhaltlich: Sämtliche Aktivitäten sind thematisch abgestimmt durch einheitliche Slogans, Botschaften, Argumente, Bilder etc.

- FORMAL: Sie integrieren alle Gestaltungsrichtlinien, das heißt die bestehenden formalen Unternehmenskennzeichen, wie Name, Logo und Gestaltungskonstanten (siehe Kap. 6.3.1). Die Gestaltungselemente legen Sie mediengerecht aus, wie zum Beispiel das 3D-Logo im Internet.
- ZEITLICH: Stimmen Sie die Maßnahmen zeitlich aufeinander ab, damit die eine Abteilung nicht Aussagen vermittelt, die eine andere noch zurückhält, um einen günstigeren Zeitpunkt abzuwarten.
- INSTRUMENTELL: Stellen Sie sämtliche CIM-Instrumente zu einem starken Mix zusammen, in dem sich möglichst die Vorteile der Instrumente ergänzen und die Schwächen ausgleichen.
- OBJEKT: Sie stimmen alle Einzelfirmen des Konzerns und alle Einzelleistungen des Unternehmens aufeinander ab.
- PARTNERINTEGRATION: Koordinieren Sie Ihr eigenes CIM mit jenem Ihrer Wirtschaftspartner, Lieferanten, Unternehmen mit Handelsaufgaben etc.

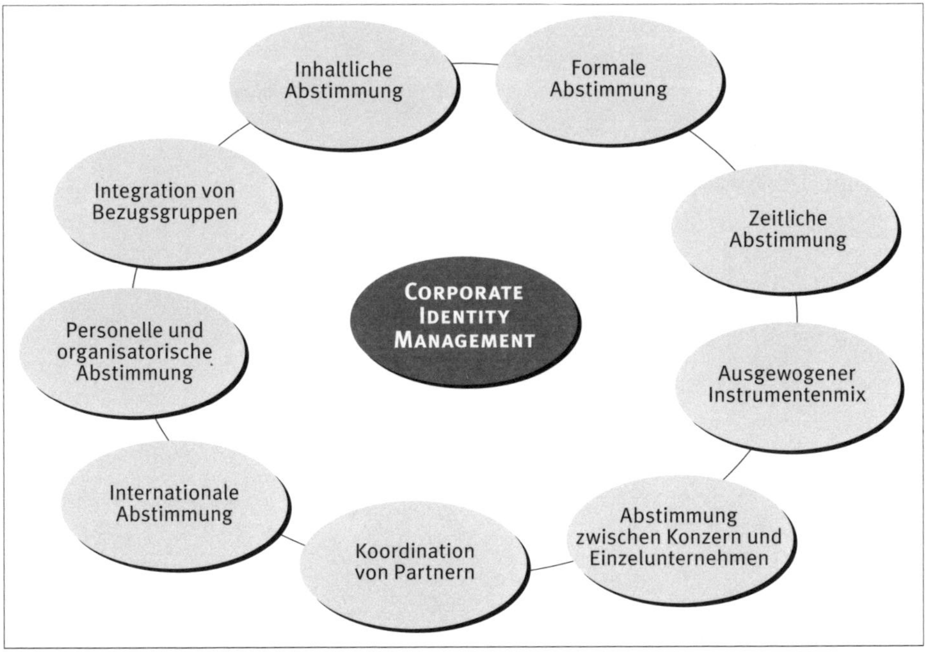

Abb. 9.2: Dimensionen der Integration

- International: Stellen Sie sicher, dass sämtliche Aktivitäten in Ländern und Regionen aufeinander abgestimmt sind und zum Beispiel lokale Websites im Internet nicht andere Informationen geben als die Website des Konzerns.
- Personell und organisatorisch: Aus einem gemeinsamen Konzept leiten alle Beteiligten ihre Aufgaben und Entscheidungen ab (siehe Kap. 7.3).
- Bezugsgruppenintegration: Ihre Bezugsgruppen sind in Ihr CIM eingebunden, zum Beispiel durch persönliche Kommunikation und Diskussionsforen im Internet.

10 Serviceteil

10.1 Gründe für CI

Für Corporate Identity Management gibt es viele Anlässe, zum Beispiel:

- Das Unternehmen produziert am Markt vorbei.
- Es gibt Änderungen in der öffentlichen Meinung, zum Beispiel zur unternehmerischen Verantwortung und zum Umweltschutz.
- Aufgaben und Produkte ändern sich.
- Das gesellschaftliche Umfeld ändert sich.
- Das Image des Unternehmens wird bei Banken und Aktionären immer schlechter.
- Das Unternehmen gerät zunehmend unter Beschuss von Kritikern.
- Kunden laufen davon.
- Bewegung und Risikobereitschaft fehlen.
- Das Unternehmen plant eine Börseneinführung.
- Die Geschäftsführung mischt sich überall ein.
- Der Markt ändert sich gravierend.
- Die Konkurrenz ist groß.
- Häufig gibt es Zank und Streit.
- Der Krankenstand ist hoch, es gibt viel Ausschuss und Fluktuation.
- Die Identität ist nicht mehr stimmig.
- Das Unternehmen erweitert sein Geschäft – zum Beispiel in andere Länder.
- Das Unternehmen ist nicht bekannt genug.
- Das Unternehmen wächst schnell.
- Kunden sehen das Unternehmen anders als gewollt.
- Das Image des Unternehmens verschlechtert sich zusehends.
- Information ist Machtinstrument.
- Intrigen und Misstrauen lähmen das Betriebsgeschehen.
- Das Unternehmen verfügt über kein Leitbild, das Orientierung bietet.
- Es gibt keine neuen Produkte und Ideen in der Pipeline.
- Die Kommunikation im Unternehmen ist gestört.
- Die Firma ist in einer krisenanfälligen Branche tätig.
- Das Unternehmen hat eine lähmende Bürokratie.

- Das vorhandene Leitbild ist zu restriktiv und erlaubt kein flexibles Anpassen an Marktverhältnisse.
- Das Management oder die Geschäftsführung wechseln.
- Neue oder vorhandene Marken profitieren nicht vom Unternehmensimage.
- Neue Produkte leiden unter dem Ruf des Unternehmens.
- Das Unternehmen hat Probleme, Stellen mit qualifizierten Bewerbern zu besetzen.
- Probleme werden nicht offen gelegt und gelöst, sondern unter den Tisch gekehrt.
- Produkte aus übernommenen Unternehmen werden nicht akzeptiert (Not-invented-here-Syndrom).
- Ressorts und Abteilungen führen ein Eigenleben.
- Die Führungskräfte scheuen sich davor, Entscheidungen zu treffen.
- Das Unternehmen führt Umstrukturierungen durch wie zum Beispiel Zusammenschlüsse, Akquisitionen, neue strategische Ausrichtungen.
- Ein Betrieb ist umgezogen.
- Die Firma ist an der Börse unterbewertet.
- Das Unternehmen ist auf Fachleute angewiesen wie Computerexperten, Erfinder, Manager.
- Das Unternehmen betreibt eine verwirrende Informationspolitik.
- Viele ähnliche Produkte sind auf dem Markt.
- Die Unternehmensziele oder die Strategie ändern sich.

10.2 Gegenargumente

Für Gegenargumente gewappnet sein

Professionelles CIM steigert den Unternehmenswert durch systematische und langfristige Gestaltung des Unternehmensimages (siehe Kap. 4). Jedoch werden in der Praxis oft nicht genügend Mittel zur Verfügung gestellt.

Hierfür nennen die Verantwortlichen unter anderem folgende Gründe:

„CIM bringt zu wenig erkennbaren Nutzen!"

Solche Äußerungen sind verständlich, denn oft wird als Nutzen formuliert: *„Mitarbeiter motivieren"*, *„Sympathie steigern"*, *„Vertrauen aufbauen"*. Solche Argumente, auch wenn sie zutreffend sind, schneiden gegen konkrete Argumente wie *„Marktanteile sichern“* und *„Umsatz erhöhen“* schlecht ab.

Die Unternehmenspersönlichkeit trägt unmittelbar zur Stärkung der Position bei

Tatsächlich trägt die Unternehmenspersönlichkeit unmittelbar zur Stärkung der Position bei, indem wichtige Bezugsgruppen meinen, das Unternehmen befriedige deren Bedürfnisse auf einzigartige Weise. Durch diese Einschätzung bilden sich dauerhafte Präferenzen, die sich in einer starken Wettbewerbsposition niederschlagen. Die Mitarbeiter können sich mit der starken Unternehmenspersönlichkeit identifizieren und sich daher für das Unternehmen stärker einsetzen. Finanzanalysten sind von der Zukunft des Unternehmens überzeugt und sprechen deshalb ihre Kaufempfehlungen aus.

„Wir haben kein Geld!“

CIM erfordert zwar den Einsatz von Geld; jedoch ist dieses Geld sinnvoll angelegt, weil das CIM den Unternehmenswert durch ein starkes, einzigartiges Image erhöht, das dem Unternehmen Wettbewerbsvorteile verschaffen soll.

Corporate Identity Management ist nicht zwangsläufig an große Etats gebunden

Corporate Identity Management ist nicht zwangsläufig an große Etats gebunden (die es heutzutage ohnehin nicht mehr gibt). Viele Möglichkeiten stehen zur Verfügung, erfolgreiches CIM ohne großen Kostenaufwand zu betreiben. Der Grund ist, dass die Diskussionen über die Unternehmenspersönlichkeit im Vordergrund stehen und die meisten Instrumente ohnehin erstellt werden müssen.

Ist nur ein geringer Etat verfügbar, ist dies immer noch besser als gar nichts. Aber: Achten Sie darauf, dass fehlende Mittel kein Zeichen von Desinteresse der Unternehmensleitung sind. Die Firmenspitze muss ein klares Bekenntnis zum CIM ablegen, sonst können Sie dieses nicht effektiv betreiben (siehe Kap. 8).

„Wir können nicht warten, bis das CIM wirkt!“

„Uns fehlt einfach die Zeit“, klagen Führungskräfte in Unternehmen. Die hohe Arbeitsbelastung gewähre zu wenig Raum für das langfristige Gestalten der Unternehmenspersönlichkeit. Eine Folge des hohen Arbeitsdrucks ist, dass der Terminplan gefüllt ist mit Aktionen und Maßnahmen. Auf der Strecke bleiben langfristige Bemühungen um das Überleben des Unternehmens. Und hierzu gehört das CIM.

Ein Beispiel: In Zeiten, in denen sich die Produkte und Leistungen kaum noch objektiv unterscheiden, müssen sich Unternehmen immer stärker durch ihr Erscheinungsbild voneinander abgrenzen. Einen wesentlichen Beitrag hierzu kann das CIM leisten, indem es das Unternehmen bezugsgruppengerecht profiliert.

CIM kann auch von außen organisiert und unterstützt werden

Sollte dennoch für das CIM wenig Zeit zur Verfügung stehen, muss dieses nicht selbst gestaltet, sondern kann von außen organisiert oder zumindest unterstützt werden (siehe Kap. 8.6).

„Der Erfolg lässt sich nicht messen!"

Fachleute diskutieren schon lange darüber, wie sich der Erfolg des CIM nachweisen lässt. Manche finden das so schwer wie das Messen von Gas mit einem Gummiband.

Fest steht, dass die Akzeptanz des CIM bei der Geschäftsleitung oder einem Auftraggeber davon abhängt, ob und wie ihr Erfolg nachgewiesen werden kann. Dies ist verständlich: Wer bezahlt schon gern für Dinge, die keinen Erfolg bringen? Der CIM-Manager muss daher – ähnlich wie sein Kollege aus dem Marketing dies mit Absatzzahlen kann – den Nutzen seiner Aktivitäten belegen.

Doch davon ist die Praxis oft weit entfernt: Erfolg oder Wirkung des CIM werden in den meisten Fällen nicht geprüft.

Ist dies überhaupt möglich? Ja! Wenn, wie oben festgestellt, CIM die Aufgabe hat, das starke, einzigartige Vorstellungsbild von der Unternehmenspersönlichkeit zu gestalten, damit die Bezugsgruppen das Unternehmen einem anderen vorziehen, stehen hierfür wissenschaftliche Methoden und Instrumente zur Verfügung (siehe Kap. 7.5): Zum Beispiel äußern Mitarbeiter auf einem Fragebogen ihre Zufriedenheit mit der internen Kommunikation. Kunden schildern, was sie über das Unternehmen wissen und wie sie dies bewerten.

BEFRAGUNGEN, BEOBACHTUNGEN UND EXPERIMENTE LIEFERN ZUVERLÄSSIGE AUSSAGEN ÜBER BEKANNTHEIT UND IMAGE DES UNTERNEHMENS UND DAMIT ÜBER DEN NUTZEN DES CIM. ALLERDINGS MUSS MAN DIESE INSTRUMENTE KENNEN UND EINSETZEN!

10.3 Erfolgsvoraussetzungen

Es gibt kein Erfolgsrezept für erfolgreiches Corporate Identity Management. Aber es gibt einen reichen Erfahrungsschatz, damit sich Fehler vermeiden lassen – aus Schaden sollte man wenigstens klug werden.

Interessanterweise weisen Studien immer wieder auf die gleichen Voraussetzungen hin, damit CIM gelingt:

- Die Geschäftsleitung, Führungskräfte und Mitarbeiter sind über den Begriff CIM, das Konzept sowie seine Chancen und Grenzen gut informiert.
- Die Firmenleitung steht voll und ganz hinter dem CIM.
- CIM wird ernsthaft und nicht halbherzig und unprofessionell betrieben.
- Organisation und Planung liegen in den Händen eines ressortübergreifenden Teams oder einer Stabsstelle.
- Verantwortlichkeiten sind geklärt, Kompetenzen sind eindeutig geregelt, um Uneinigkeit über Ziele und Maßnahmen zu vermeiden.
- Ein eigener und ausreichender Etat steht zur Verfügung. Die benötigten Mittel dürfen nicht von anderen laufenden Etats, zum Beispiel dem Werbeetat, abgezweigt werden.
- CIM wird als langfristiges, geordnetes und systematisches Vorgehen verstanden.
- Dem CIM liegt eine ganzheitliche Sicht zugrunde.
- Das CIM-Programm beteiligt die Mitarbeiter und weist ihnen Verantwortung im Prozess zu.
- Grundlage des CIM ist die aktuell gelebte Unternehmenskultur, die sorgfältig aufgedeckt werden muss (siehe Kap. 7.2).
- Weitere Grundlage ist das Leitbild, das alle Mitarbeiter kennen und tragen, in dem das angestrebte gemeinsame Selbstverständnis formuliert ist.
- CIM-Ziele sind nicht nur marktgerichtet, sondern beziehen auch interne und gesellschaftliche Ziele ein.
- Die drei Instrumente – Design, Kommunikation und vor allem Verhalten – sind stimmig und werden auch in der Praxis gelebt.
- Die Erfolge und Fortschritte des CIM-Prozesses werden verfolgt.

- Die Unternehmenspersönlichkeit entwickelt sich mit den internen Veränderungen und den Wandlungen von Märkten und Gesellschaft.

10.4 Fragen und Antworten

Was ist Corporate Identity Management?

Systematisches und langfristiges Gestalten der Unternehmenspersönlichkeit

CIM ist das systematische und langfristige Gestalten des gemeinsamen Selbstverständnisses über die Unternehmenspersönlichkeit. Management bedeutet Analysieren der Identitätsprobleme, Planen der Lösung, Umsetzen und Kontrollieren. Das entwickelte gemeinsame Selbstverständnis ist eigenständig und unverwechselbar und trägt den Unternehmenszielen einerseits und den Umweltbedürfnissen andererseits Rechnung.

Welche Ziele hat es?

Starkes und einzigartiges Vorstellungsbild von der Unternehmenspersönlichkeit aufbauen und gestalten

CIM verfolgt das Ziel, das starke und einzigartige Vorstellungsbild von der Unternehmenspersönlichkeit bei internen und externen Bezugsgruppen aufzubauen und systematisch zu gestalten. Dieses Vorstellungsbild ermöglicht, das Unternehmen klar zu erkennen und deutlich von anderen zu unterscheiden. Aufgrund dieses Vorstellungsbildes ziehen die Bezugsgruppen ein bestimmtes Unternehmen einem anderen vor.

Welche Instrumente gibt es?

Corporate Design, Corporate Communication, Corporate Behaviour

Die Instrumente des CIM sind das visuelle Erscheinungsbild (Corporate Design), die Kommunikation (Corporate Communication) und das Verhalten (Corporate Behaviour). Sie vermitteln das gemeinsame Selbstverständnis über die Unternehmenspersönlichkeit nach innen und außen.

Ist CIM unbedingt erforderlich?

Es gibt erfolgreiche Unternehmen, die kein systematisches CIM betreiben. Aber das bedeutet, dass es das Unternehmen tatenlos bei dem willkürlichen Selbstverständnis belässt. Die Frage könnte auch anders gestellt werden: Wie erfolgreich könnten diese Unternehmen sein, wenn sie ihr gemeinsames Selbstverständnis gestalten würden?

Warum reicht die Geschäftsstrategie nicht aus, um den Unternehmenserfolg zu sichern?

Die Geschäftsstrategie trifft Aussagen, in welchen Gebieten ein Unternehmen tätig sein will und was es in diesen Feldern erreichen will. Die Unternehmensziele geben in Zahlen an, wann das Unternehmen einen angestrebten Zustand erreicht. Die Geschäftsstrategie und die Ziele sind auf den Markt bezogen. Sie enthalten meist weder qualitative Aussagen über die Unternehmensentwicklung, noch berücksichtigen sie gesellschaftliche Ziele wie soziales Engagement.

Ergänzende qualitative Aussagen

Feststellungen über das gemeinsame Selbstverständnis der Unternehmenspersönlichkeit bilden eine Ergänzung, denn sie beinhalten qualitative Aussagen.

Erfolgreiche Unternehmen verbinden beides: gefühlsmäßige, intuitive Prozesse mit der zahlen- und strukturorientierten, intellektuellen Denkweise des klassischen Managements.

Lässt sich die Wirkung des CIM messen?

Das Image lässt sich bei den Bezugsgruppen feststellen

Ja, sowohl das Image des Unternehmens bei seinen internen und externen Bezugsgruppen lässt sich messen als auch die Präferenz, die das Unternehmen anderen Unternehmen gegenüber genießt.

Jedoch ist zu beachten, dass das Vorstellungsbild vom Unternehmen nicht nur vom Unternehmen selbst beeinflusst wird, sondern auch von den Massenmedien, dem sozialen Umfeld und der individuellen Persönlichkeit der jeweiligen Personen.

Eignet sich CIM als Krisenmanagement?

Durch CIM entsteht Vertrauen

CIM kann Krisen vorbeugen, indem es den Bezugsgruppen das mitteilt, was für das Unternehmen wichtig und erstrebenswert ist. Dies ermöglicht, Vertrauen und einen Austausch aufzubauen (siehe Kap. 3.6).

In der Rezession, so zeigen Studien, konzentrieren sich die Firmen auf marktbezogene (Image-)Ziele und interne Ziele, zum Beispiel die Steigerung von Motivation und Leistung der Mitarbeiter.

Häufig beginnen Unternehmen, sich mit ihrem Selbstverständnis zu beschäftigen, wenn sie gerade eine Krise erfolgreich gemeistert haben.

Erfüllen nicht schon Werbung und Public Relations die Aufgabe der Identifizierung und Differenzierung?

Das Leitbild umfasst das gesamte Unternehmen und richtet sich an alle wichtigen Bezugsgruppen

Werbung macht Produkte bekannt und im Markt erkennbar. Das Leitbild umfasst das gesamte Unternehmen und richtet sich an alle wichtigen Bezugsgruppen.

Werbung ist häufig kurzfristig und enthält Kernaussagen. Public Relations gehen zwar darüber hinaus, indem sie auch gesellschaftliche Bezugsgruppen umfassen, doch managen PR „nur" die Kommunikation eines Unternehmens, wohingegen ein Leitbild auch weitere Instrumente zur Vermittlung einsetzt.

Ein Leitbild soll zudem die Instrumente der Corporate Communication systematisch aufeinander abstimmen, weil eine Koordination zunehmend gefragt, aber in den Firmen nur schwer umzusetzen ist.

Im internationalen Marketing muss sich ein Unternehmen doch an den Besonderheiten der Länder orientieren?

Im internationalen Marketing hat das Unternehmen drei Möglichkeiten:

- Die Identität des Heimatlandes wird auf das Ausland übertragen.
- Die Identität wird den jeweiligen Ländermärkten angepasst.
- Das Unternehmen richtet seine Identität nach gemeinsamen internationalen Erfordernissen aus.

Länderübergreifende Identität

Wie immer sich das Unternehmen entscheidet: Wichtig bleibt eine länderübergreifende Identität, die sich nicht nur auf den Markt, sondern auch auf das Unternehmen bezieht. Unter diesem Dach könnten auch länderspezifische Identitäten ihren Platz finden, wie die Beispiele BMW und IBM zeigen.

Ist es möglich, dass Bezugsgruppen das gemeinsame Selbstverständnis des Gesamtunternehmens nicht honorieren?

Ja, besonders stark diversifizierte Unternehmen sind teilweise auf sehr unterschiedlichen Märkten mit sehr unterschiedlichen Käufergruppen tätig, die sich nicht überschneiden. Eine einheitliche Darstellung des Unternehmens ist für die einzelnen Käufergruppen bedeutungslos.

CIM geht jedoch über die Betrachtung des Marktes hinaus und bezieht auch Mitarbeiter, Geldgeber oder gesellschaftliche Gruppen ein, die Ansprüche an das Unternehmen richten können und an die das gemeinsame Selbstverständnis des Unternehmens kommuniziert werden muss.

CIM geht über die reine Marktbetrachtung hinaus

Ist nicht CIM fixiert auf Erfolgsmuster der Vergangenheit und blockiert neue Orientierungsmuster?

Ganz im Gegenteil. Häufig verharren die Unternehmen in der Vergangenheit, die keine systematische Identitätsgestaltung betreiben. Corporate Identity Management ist ein Prozess, der auch künftige Anforderungen aus dem Unternehmen, dem Markt und der Gesellschaft aufgreift und in gemeinsames Denken und Handeln umsetzt.

Systematische Identitätsgestaltung öffnet Unternehmen künftige Anforderungen

Führt nicht ein festgeschriebenes Selbstverständnis dazu, dass ein Unternehmen unflexibel wird?

Im Gegenteil: Die Arbeit am eigenen Selbstverständnis ist ein kontinuierlicher und lebendiger Prozess, der nie endet. Er verläuft parallel zu den Veränderungen der Märkte und dem technologischen, gesellschaftspolitischen und sozialen Wandel und greift diesen aktiv auf, prüft die Bedeutung für das eigene Unternehmen und entwickelt auf dieser Basis das Selbstverständnis weiter.

Damit sind diese Unternehmen eher in der Lage, flexibel auf Anforderungen aus dem Unternehmen, dem Markt und der Gesellschaft zu reagieren, als es herkömmliche Unternehmen können und tun. Corporate Identity Management ist kein starres Korsett, sondern muss diese Veränderungen erkennen, aufnehmen, diskutieren und sich ihnen anpassen. Der CIM-Prozess ist daher lebendig und flexibel.

CIM greift den Wandel aktiv auf

Verhindert CIM nicht Meinungsvielfalt?

Das Management der Unternehmensidentität bringt ein gemeinsames Selbstverständnis hervor, das von allen Mitarbeitern getragen werden sollte. Es ist ein Grundkonsens über gemeinsame Werte, Normen und Handlungsanleitungen, der dazu dient, die Unternehmensziele zu erreichen. Darüber hinaus gibt es in allen Bereichen des Unternehmens genügend Meinungsvielfalt und Kreativität, wie dieser Grundkonsens umgesetzt und gelebt werden kann.

Erst ein gemeinsamer Grundkonsens ermöglicht offene Meinungsvielfalt

So ist für alle neuen Problemlösungen Vielfalt in den Meinungen und Ansichten gefragt, die dann in konzentriertes Handeln umgesetzt werden muss.

CIM brauchen nicht nur große Unternehmen?

Einrichtungen, Parteien, Gewerkschaften und kulturelle Instutionen nutzen kaum ihre Chancen. Dabei spielt die Größe eines Unternehmens keine Rolle: Der Verein mit 50 Mitgliedern kann ebenso eine unverwechselbare Identität aufbauen wie der Konzern mit 500.000 Mitarbeitern.

Kleine und mittlere Unternehmen haben es sogar leichter, weil die Entscheidungswege kürzer sind, die Mitarbeiterzahl geringer, die Beziehungen zu den Bezugsgruppen überschaubarer, das Produktangebot nicht so komplex, Kontrollen leichter durchzuführen, Erfolge deutlicher bemerkbar sind und Mitarbeiter häufig an kleinere Unternehmen enger gebunden sind.

GERADE KLEINE UND MITTELSTÄNDISCHE UNTERNEHMEN SOLLTEN DAHER NICHT DIE CHANCE VERPASSEN, SICH DURCH EINEN EINHEITLICHEN UND SCHLÜSSIGEN AUFTRITT NACH INNEN UND AUSSEN DARZUSTELLEN, ORIENTIERUNG ZU BIETEN UND SICH SO EINEN WETTBEWERBSVORSPRUNG VOR DEN KONKURRENTEN ZU SICHERN!

Jede Organisation kann von den Vorteilen des CIM profitieren

Ob ein Schuster, die Lebensrettungsgesellschaft, karitative Vereinigung, Werbeagentur, Konditorei, Anwaltskanzlei oder die Kirche – jede Organisation kann von den Vorteilen des CIM profitieren. Jeder Handwerksmeister kann seinen Betrieb durch die Darstellung seiner speziellen Fähigkeiten und Kenntnisse bekannt und unverwechselbar machen. Jeder wird dann wissen, warum er gerade für diesen Arbeitgeber in Lohn und Brot steht und warum er gerade bei diesem Anbieter seine Wurst oder seine Schuhe kauft. Vereine und Verbände unterstreichen ihre Ziele und sichern sich dadurch die Unterstützung von potenziellen Mitgliedern und Geldgebern. Selbst Städte können zeigen, warum eine Reise lohnt.

Kosten CIM-Programme viel Geld?

CIM kostet Geld. Wie viel, entscheidet sich durch die Identitätsprobleme und die Maßnahmen zur Lösung.

Eigenständiger Etat

In jedem Fall gilt, dass dieses Geld nicht aus irgendeinem PR- oder Werbeetat abgezweigt werden sollte. Stattdessen sollte der Stabsstelle oder dem Projekt ein eigener Etat zur Verfügung stehen. Und: Dieses Geld wird sinnvoll eingesetzt, um die Unternehmensziele erreichen zu können. Es stellt somit eine fundamentale Investition in die Zukunft des Unternehmens dar.

10.5 Umsetzungsbeispiel: Erfolgsgeschichte

Die Variante des klassischen Leitbilds sind Erfolgsgeschichten („Success Stories"). Die Erfolgsgeschichten erzählen zusammenhängende und faszinierende Geschichten rund um die Erfolgsfaktoren des Unternehmens, wie zum Beispiel seine Leistungen, Mitarbeiter, Wissen, Beziehungen und natürlich seine erfolgreiche Zukunft.

Durch diese Geschichten kommt das Unternehmen der zunehmenden Bedeutung der emotionalen Ansprache seiner Bezugsgruppen nach.

Hier das fiktive Beispiel der CHRONOS AG:

Leitidee

Die CHRONOS AG will erstklassige Uhren mit hohem ästhetischen Wert herstellen und erfolgreich vermarkten. Die Uhren sollen dem Träger das Gefühl von Orientierung, Sicherheit und Schönheit geben. Sie leisten einen Beitrag zum Wohlfühlen des Menschen.

Erfolgsgeschichten

UNSERE MITARBEITER

Unsere Mitarbeiter sind stolz darauf, in unserem Unternehmen zu arbeiten, weil seine Werte zu ihren passen. Sie tragen durch ihre Höchstleistungen zum gemeinsamen Erfolg bei. Hierfür werden sie angemessen belohnt.

Wir stellen die besten Teams zusammen, die gemeinsam neue Ideen entwickeln und kraftvoll umsetzen.

Wir sind stolz auf unser Unternehmen und seine Kultur, mit der wir es immer wieder schaffen, die Besten für uns zu gewinnen und lang an uns zu binden.

Unser Standort

Wir sind ein schweizerisches Unternehmen. Wir fühlen uns dem Land und seinen Menschen verbunden – hier ist unsere Heimat.

Genauso wie die Schweiz steht auch unser Unternehmen für herausragende Leistung und Tradition.

Unser Wissen

Wir wissen, wie man hochwertige Uhren herstellt und weltweit vermarktet. Dieses Wissen gestalten wir langfristig, damit wir heute schon die Wünsche unserer Kunden von morgen auf einzigartige Weise erfüllen können.

Da wir nicht allein alles wissen können und wollen, vernetzen wir uns mit den Besten. Hierzu gehören Designer und Forscher an den Hochschulen. So erfahren wir mehr über aktuelle Trends und können neue Technologien aufgreifen und in unseren Produkten umsetzen.

Unsere Produkte

Unsere Produkte führen den Wettbewerb weltweit an. Sie entsprechen den höchsten Anforderungen an Qualität, sie bestehen aus dem besten Material und haben herausragenden ästhetischen Wert.

Die besten Handwerker suchen nach Spitzenlösungen zwischen traditionellem Handwerk und neuen Technologien.

Design spielt für unsere Produkte die herausragende Rolle: Es ist zeitgenössisch und wird von den besten Gestaltern entwickelt. Wie auch bei unseren Mitarbeitern ist deren Vielfalt einzigartig.

Unsere Kunden

Wir wollen das Leben unserer Kunden mit unseren Produkten bereichern. Deshalb reden wir mit ihnen über ihre Bedürfnisse und Wünsche. Mit unseren Produkten übertreffen wir deren Erwartungen.

Unsere Kunden schätzen unsere hochwertigen Produkte und unseren exzellenten Service.

UNSERE AKTIONÄRE

Unser Unternehmen schafft Wert für unsere Aktionäre, indem wir die Wünsche unserer Kunden mit einzigartigen Produkten erfüllen. Dies sichert unsere Marktführerschaft und macht uns zum erfolgreichsten Unternehmen unserer Branche.

Unsere Mittel setzen wir wirtschaftlich ein. Wir wachsen durch neue, einzigartige Produkte. Gemeinsam profitieren wir vom Erfolg unseres Unternehmens. Wir handeln schnell und flexibel, damit aus Ideen wegweisende Produkte werden.

10.6 Fragebögen

Befragungen spielen in der Erfolgskontrolle eine wichtige Rolle (siehe Kap. 7.5.2). Hier einige Standardfragen:

10.6.1 Persönliches Mitarbeiterinterview

EINSTIEGSPHASE

- Hinweis auf die Anonymität der Befragten
- Name
- Interner oder externer Mitarbeiter?
- Seit wann arbeiten Sie für ...?
- Art der Beschäftigung?

MOTIVATION

- Wie sind Sie zum Unternehmen gekommen?
- Was macht bei Ihrer Arbeit besonders viel Spaß?
- Gibt es etwas, was Ihnen überhaupt keinen Spaß macht?
- Gibt es Dinge, die der Mitarbeiter ändern würde, wenn er Chef wäre?

UNTERNEHMEN

- Mit welchen Worten sprechen die Mitarbeiter vom Unternehmen? Gibt es einen bestimmten Unternehmensstil? Wie sieht er aus? Gibt es eine Vision und wie lautet sie?
- Wie ist die derzeitige Stellung des Unternehmens in der Branche, in der Volkswirtschaft, international/global und in den verschiedenen Märkten?
- Verfolgt das Unternehmen klare Ziele im Hinblick auf Produkte, Kunden, Mitarbeiter, Gesellschaft, Sonstiges?

PRODUKTE UND DIENSTLEISTUNGEN

- Welche Produkte und Dienstleistungen bietet das Unternehmen an?

Wie versteht das Unternehmen seine Produkte und Dienstleistungen?

- Welchen Nutzen können die Kunden des Unternehmens aus den Produkten und Dienstleistungen ziehen? Welchen Sinn haben die Produkte und Dienstleistungen? Was will das Unternehmen mit seinen Produkten und Dienstleistungen erreichen?
- Wie ist die Qualität der Produkte und Dienstleistungen? Wie ist die Preispolitik des Unternehmens? Welche Technologie und welche technischen Verfahren setzt es zur Herstellung der Produkte ein? Gibt es grundsätzliche Aussagen zur verwendeten und verwendbaren Technologie?

Kunden

- Wer sind die Kunden? Gibt es interne Kundschaftsverhältnisse (die eine Abteilung als Kunde einer anderen)? Gibt es Personen beziehungsweise Unternehmen, die das Unternehmen als Kunde will und noch nicht hat?
- Was bedeuten die Kunden für den Erfolg des Unternehmens? Welche Priorität wird der Kundenzufriedenheit eingeräumt? Gibt es einschränkende Bedingungen? Gibt es dazu klare Aussagen?

Geschäftspartner

- Was erwartet das Unternehmen von seinen Geschäftspartnern? Was müssen die Geschäftspartner leisten? Was dürfen sie nicht tun?
- Was erwarten die Geschäftspartner vom Unternehmen? Was bietet das Unternehmen seinen Partnern?

Was dürfen die Geschäftspartner vom Unternehmen nicht erwarten?

Umfeld

- Welche gesellschaftliche Stellung und welche damit verbundenen Verpflichtungen nimmt das Unternehmen in der Gemeinde ein, in der Region, im Bundesland, im Staat und international?
- Welche Verpflichtungen nimmt das Unternehmen gegenüber Menschen wahr, die nicht in unmittelbarem Kontakt mit ihm stehen?
- Welche Rolle spielen die Medien für das Unternehmen? Welche Informationspolitik betreibt das Unternehmen? Wie regelmäßig und transparent werden die Medien informiert?

Wettbewerber und Wettbewerbsverhalten

- Wer sind die Konkurrenten des Unternehmens? Wie ist die Stellung des Unternehmens am Markt im Vergleich zu den wichtigsten Konkurrenten?
- Welches Verhalten der Konkurrenten erwartet das Unternehmen?
- Wie verhält sich das Unternehmen gegenüber Wettbewerbern? Wie versucht es, sich gegenüber Wettbewerbern durchzusetzen?

Mitarbeiter

- Was bedeuten die Mitarbeiter für den Erfolg des Unternehmens?
- Was erwartet das Unternehmen von seinen Mitarbeitern (Kompetenz, Engagement etc.)?

- Was bietet das Unternehmen seinen Mitarbeitern? Welche und wie ausgestattete Arbeitsplätze? Welche Chancen und Möglichkeiten der aktiven Selbstverwirklichung (am Arbeitsplatz, im Weiterkommen, in der Aus- und Weiterbildung)?
- Wie werden die Mitarbeiter im Unternehmen geführt (Führungsstil, Hierarchien, Kommunikationsmittel und -wege, Führungsinstrumente)?

BESONDERHEITEN DES UNTERNEHMENS

- Aussagen, welche die spezifische Struktur des Unternehmens betreffen (Verhalten gegenüber Tochtergesellschaften, bei Beteiligungen, Übernahmeversuchen etc.).
- Aussagen zu spezifischen Leistungen des Unternehmens: Welche Besonderheiten zeichnen die Produkte und Dienstleistungen des Unternehmens gegenüber vergleichbaren Angeboten aus? Welche Besonderheiten der Unternehmenskultur weist das Unternehmen auf (Bauen, Kunst, Sport etc.)? Welche besonderen Stärken zeichnen das Unternehmen aus?
- Welche Schwächen hat das Unternehmen? Wie geht es damit um?
- Welche negativen Klischeevorstellungen und Images gibt es über das Unternehmen und seine Branche? Was tut es zum Abbau dieser negativen Bilder?

ETHIK

- Zu welchen Werten als Grundlage des Wirtschaftens bekennt sich das Unternehmen?
- Wird im Unternehmen darauf geachtet, abstrakte, ethische Grundsätze in der Alltagsarbeit zu realisieren?
- Gibt es ein klares Wertgefüge im Unternehmen, zu dem sich die Beteiligten bekennen?

BLICK IN DIE ZUKUNFT

- Wo wird das Unternehmen in fünf oder zehn Jahren stehen?
- Wie kann das Unternehmen diese Ziele erreichen?
- Welche der Potenziale sind nicht ausgeschöpft? Wie können sie ausgeschöpft werden?
- Erwartungen an das Management auf dem Weg dorthin?

(in Anlehnung an Kiessling, W. F. und Spannagl, P.: Corporate Identity. Alling 1996)

10.6.2 Schriftliche Mitarbeiterbefragung

- Welches Ansehen hat Ihrer Meinung nach das Unternehmen in der Öffentlichkeit?
- Welches Ansehen hat Ihrer Meinung nach das Unternehmen bei der Belegschaft?
- Wenn Sie heute noch einmal zu entscheiden hätten, würden Sie dann wieder zu diesem Unternehmen gehen?
- Was wäre bei dieser Entscheidung besonders wichtig?

- Welches Ansehen hat Ihrer Meinung nach das Unternehmen in der Öffentlichkeit?
- Welches Ansehen hat Ihrer Meinung nach das Unternehmen bei der Belegschaft?
- Wenn Sie heute noch einmal zu entscheiden hätten, würden Sie dann wieder zu diesem Unternehmen gehen?
- Was wäre bei dieser Entscheidung besonders wichtig?
- Gibt es etwas, was die Firma an den äußeren Bedingungen an Ihrem Arbeitsplatz verbessern sollte?
- Wie gefällt Ihnen Ihre Arbeit?
- Können Sie bei Ihrer Arbeit Ihr Wissen und Können einsetzen?
- Können Sie eigene Anregungen oder Verbesserungsvorschläge zu Ihrer Arbeit einbringen?
- Wie zufrieden sind Sie mit der Umsetzung Ihrer Anregungen oder Verbesserungsvorschläge?
- Haben Sie Erfolgserlebnisse durch Ihre Arbeit?
- Wie sind Sie selbst eingearbeitet worden, als Sie Ihren jetzigen Arbeitsplatz übernommen haben?
- Wenn Sie Ihre Leistungsfähigkeit betrachten, möchten Sie dann anspruchsvollere Aufgaben übernehmen?
- Wenn Sie Ihre Arbeitsbelastung betrachten, möchten Sie dann mehr oder weniger arbeiten?
- Welche Auswirkungen hat der technische Wandel in den letzten (ca. fünf) Jahren auf Ihre Arbeit gehabt?
- Stört Sie etwas bei der Arbeit?
- Und was gefällt Ihnen besonders bei Ihrer Arbeit?
- Wie beurteilen Sie Ihre Bezüge (Entgelt, Gratifikation/Erfolgsbeteiligung) im Vergleich zu dem, was man über die Entgelte usw. bei anderen Firmen hört oder vermutet?
- Wie zufrieden sind Sie, wenn Sie Ihr Entgelt mit dem vermuteten Entgelt Ihrer unmittelbaren Kolleginnen und Kollegen vergleichen?
- Finden Sie, dass Ihre Arbeit leistungsgerecht bezahlt wird?
- Sind Sie mit den Sozial- und Nebenleistungen zufrieden, die neben dem Entgelt von der Firma gewährt werden?
- Welche Sozial- und Nebenleistungen sind für Sie besonders wichtig?
- Versteht Ihr unmittelbarer Vorgesetzter genügend von Ihrem eigenen Aufgabengebiet?
- Wie sorgt Ihr unmittelbarer Vorgesetzter für die Zusammenarbeit in seinem Verantwortungsbereich?
- Wie arbeitet Ihr unmittelbarer Vorgesetzter mit Ihnen zusammen?
- Informiert Ihr unmittelbarer Vorgesetzter Sie über Dinge, die Ihren Verantwortungsbereich betreffen, angemessen?
- Bespricht Ihr unmittelbarer Vorgesetzter Ihre Aufgaben/Ziele ausreichend mit Ihnen?
- Beachtet Ihr unmittelbarer Vorgesetzter Ihre Meinung bei wichtigen Entscheidungen?
- Wenn Sie von Ihrem unmittelbaren Vorgesetzten für Ihre Arbeit eine Entscheidung benötigen, erhalten Sie diese Entscheidung rechtzeitig und inhaltlich ausreichend?
- Hilft Ihnen Ihr unmittelbarer Vorgesetzter, wenn es einmal Schwierigkeiten bei Ihrer Arbeit gibt?
- Setzt Ihr unmittelbarer Vorgesetzter sich im Rahmen seiner Möglichkeiten für Sie ein, wenn Sie mit einem persönlichen Anliegen zu ihm kommen?

- Erkennt Ihr unmittelbarer Vorgesetzter Ihre Leistungen an?
- Wie kritisiert Ihr unmittelbarer Vorgesetzter, wenn einmal ein Fehler passiert?
- Fördert das Führungsverhalten Ihres unmittelbaren Vorgesetzten Ihre Einsatzbereitschaft?
- Fühlen Sie sich von Ihrem unmittelbaren Vorgesetzten gerecht beurteilt?
- Wie beurteilen Sie das Führungsverhalten des Vorgesetzten Ihres unmittelbaren Vorgesetzten?
- Fühlen Sie sich bei Ihren Aufgaben ausreichend „von oben“ (von Ihren Vorgesetzten und der Unternehmensleitung) unterstützt?
- In welcher Hinsicht wünschen Sie sich von Ihren Vorgesetzten und der Unternehmensleitung mehr Unterstützung bei Ihren Aufgaben?
- Wie beurteilen Sie das Betriebsklima im Unternehmen insgesamt?
- Wie beurteilen Sie das Betriebsklima in der unmittelbaren Umgebung, in der Sie arbeiten?
- Wie sind im Großen und Ganzen Aufgaben und Kompetenzen Ihrer Einheit mit denen anderer Einheiten abgestimmt?
- Wie arbeiten die Kolleginnen und Kollegen Ihrer Einheit mit Ihnen zusammen?
- Wie beurteilen Sie die Zusammenarbeit zwischen Ihnen und den Kolleginnen und Kollegen aus anderen Einheiten?
- Fühlen Sie sich über die wesentlichen Dinge im Unternehmen rechtzeitig informiert?
- Fühlen Sie sich über die wesentlichen Dinge im Unternehmen ausreichend informiert?
- Worüber möchten Sie mehr wissen?
- Wissen Sie, welchem geschäftlichen Zweck Ihre Arbeit dient und welche Bedeutung Ihre Arbeit für die Erreichung der Unternehmensziele hat?
- Um sich über Ereignisse und Themen im Unternehmen zu informieren, gibt es verschiedene Möglichkeiten. Welche Informationsquellen sind für Sie die wichtigsten?
- Fühlen Sie sich ausreichend über die Weiterbildungsmöglichkeiten informiert?
- Welche Weiterbildungsthemen sind für Ihre Aufgabenerledigung wichtig?
- Sind Sie mit den Möglichkeiten für Ihr berufliches Fortkommen zufrieden?
- Hindert Sie etwas an Ihrer beruflichen Entwicklung?
- Werden in Ihrer Einheit Frauen und Männer gleich behandelt?
- Falls Sie meinen, dass Frauen und Männer nicht gleich behandelt werden: Wodurch wird gegen den Gleichbehandlungsgrundsatz verstoßen?
- Sind Sie daran interessiert, Ihre derzeitige Tätigkeit in Teilzeit auszuüben?
- Glauben Sie, dass eine Teilzeittätigkeit berufliche Nachteile mit sich bringt?
- Halten Sie es für machbar, dass Ihr unmittelbarer Vorgesetzter seine Funktion mit einer anderen Person teilt und beide diese Funktion gemeinsam in Teilzeit ausführen?
- Glauben Sie, dass die Arbeitszeit in Ihrer Einheit flexibler gestaltet werden kann?
- Sind Sie persönlich an einem flexibleren Arbeitseinsatz auch außerhalb Ihrer gewohnten Arbeitszeit interessiert?
- Haben Sie Wünsche für die Regelung der Arbeitszeit?

- Wenn Sie einmal die Zukunftsaussichten des Gesamtunternehmens und die allgemeine wirtschaftliche Entwicklung beurteilen: Für wie sicher halten Sie dann Ihren Arbeitsplatz im Unternehmen?
- Das Unternehmen hat sich in den vergangenen drei Jahren erheblich gewandelt, um auch langfristig erfolgreich im Wettbewerb bestehen zu können. Hat sich diese Wandlung aus Ihrer persönlichen Sicht für das Unternehmen eher positiv oder eher negativ ausgewirkt?
- Das Unternehmen hat in den vergangenen drei Jahren durch Rationalisierung die Belegschaft erheblich reduziert. Haben Sie den Eindruck, dass das Unternehmen den Personalabbau sozialverträglich gestaltet hat?

BITTE GEBEN SIE ZU DEN FOLGENDEN MEINUNGEN AN, INWIEWEIT SIE DIESEN ZUSTIMMEN KÖNNEN.

	Ja	Nein
• In unserer Einheit wird auf die Zusammenarbeit zwischen den Mitarbeitern mehr Wert gelegt als auf die Konkurrenz untereinander.	J	N
• In unserer Einheit setzt man viel Vertrauen in die Mitarbeiter.	J	N
• In unserer Einheit bemühen wir uns um Gemeinsinn und ein „Wir-Gefühl".	J	N
• In unserer Einheit traut sich niemand, etwas Neues vorzuschlagen und auszuprobieren.	J	N
• Im Unternehmen hat sich in den letzten fünf Jahren nichts zum Besseren verändert.	J	N
• Ich habe den Eindruck, dass im Unternehmen von den Mitarbeitern mehr Opfer gefordert werden, als aus wirtschaftlichen Gründen nötig ist.	J	N
• Die Führungskräfte im Unternehmen wissen über die Stimmung bei den Mitarbeitern und deren Meinungen recht gut Bescheid.	J	N
• In unserer Einheit herrschen Druck und Kontrolle vor.	J	N
• Wenn es in unserer Einheit Probleme gibt, dann wird sehr offen und konstruktiv darüber gesprochen.	J	N
• Ich habe den Eindruck, dass der Stil, wie Führungskräfte und Mitarbeiter miteinander umgehen, sich positiv verändert hat.	J	N
• Die Unternehmensführung nimmt bei ihren Entscheidungen keine Rücksicht auf die Interessen der Mitarbeiter.	J	N
• Die Stimmung in der Belegschaft wird inzwischen schon wieder deutlich besser.	J	N
• Wenn ich an andere Unternehmen unserer Branche denke, dann bin ich froh, hier zu arbeiten.	J	N

10.6.3 Externe Befragung

BEKANNTHEIT

- Wie bekannt ist das Unternehmen?
- Kann die Bezugsgruppe den Namen des Unternehmens nennen? Oder muss sie aus einer Liste auswählen?
- Ist das Unternehmen jederzeit gedanklich präsent?
- Wie bekannt ist es im Vergleich zu anderen?

IMAGE

- Welches Vorstellungsbild hat die Bezugsgruppe vom Unternehmen?
- Über welches Wissen verfügt die Bezugsgruppe? Über welches Wissen will sie verfügen?
- Was meint sie über das Unternehmen? Was sind ihre Wünsche und Erwartungen?
- Welche herausragenden Eigenschaften des Unternehmens nennt die Bezugsgruppe?
- Was macht für sie das Unternehmen so sympathisch?
- Wie wird das Unternehmen eingeschätzt im Hinblick auf Qualität, Seriosität, Verantwortung?
- Wie wird das Engagement im Vergleich zu anderen Unternehmen eingeschätzt?
- Welche Erwartungen werden an das Unternehmen gerichtet?

INSTRUMENTE

- Durch welche Medien ist das Unternehmen bekannt?
- An welche Kommunikationsmedien erinnert sich die Bezugsgruppe?
- Kann sie deren zentrale Bilder und Botschaften nennen?
- Durch welche Medien möchten die Befragten Informationen über das Unternehmen erhalten?

10.7 Buchtipps

Corporate Identity

PERSÖNLICHE FAVORITEN

- **Birkigt, K./Stadler M./Funk, H. J. (Hrsg):** Corporate Identity, Landsberg/Lech 2002 (Klassiker der Corporate Identity.)
- **Daldrop, N. W. (Hrsg):** Kompendium Corporate Identity und Corporate Design, Stuttgart 1997
- **Keller, I.:** Das CI-Dilemma, Wiesbaden 1993 (Ganzheitliche Sicht von CI, viele Praxistipps für die Gestaltung.)
- **Kunde, J.:** Corporate Religion, Wiesbaden 2000 (Ganz schlechter Titel, aber der Inhalt des Buches ist sehr gut.)
- **Olins, W.:** Corporate Identity. Strategie und Gestaltung, Frankfurt/New York, 1990 (Eines der Urgesteine der CI, eher designorientiert.)
- **Wache, T./Brammer, D.:** Corporate Identity als ganzheitliche Strategie, Wiesbaden 1993. (Ganzheitliche Sicht von CI. Theoretischer, wissenschaftlich gehaltener Teil und Praxisuntersuchung.)

WEITERE BÜCHER

- **Achterholt, G.:** Corporate Identity. In zehn Arbeitsschritten die eigene Identität finden und umsetzen, 2. Aufl. Wiesbaden, 1991 (CI wird als Kommunikationsinstrument dargestellt.)
- **Antonoff, R.:** Die Identität des Unternehmens. Ein Wegbegleiter zur Corporate Identity, Frankfurt: Frankfurter Zeitung, Blick durch die Wirtschaft, 1987 (Autor greift vor allem die Außenwirkung von CI auf.)
- **Bieger, F. u.a.:** Projektarbeit CI – 101 nützliche Erkenntnisse aus der Praxis, Bonn, 1985 (Eben eine Sammlung nützlicher Tipps.)
- **Bungarten, T. (Hrsg):** Unternehmensidentität. Corporate Identitity. Betriebswirtschaftliche und kommunikationswissenschaftliche Theorie und Praxis, Tostedt 1993 (Interessante Beiträge unterschiedlicher Autoren aus Theorie und Praxis. Stark kommunikationsorientiert. Für einen intensiven Einstieg in CI geeignet.)
- **Chajet, C./Shactman, T.:** Image-Design. Corporate Identity für Firmen, Marken und Produkte, Frankfurt/Main, New York 1995 (Praktikerliteratur mit vielen Beispielen zur Bedeutung von Images. Chajet war Besitzer von Lippinscott & Margulies, einstmals eine der bekanntesten CI-Agenturen.)
- **Fenkart, P./Widmer, H.:** Corporate Identity, Leitbild, Erscheinungsbild, Kommunikation, Zürich und Wiesbaden, 1987 (Praktikerbuch mit vielen Beispielen der drei Instrumente.)
- **Harbücker, U.:** Wertewandel und Corporate Identity, Wiesbaden 1992
- **Heinrich, D.:** Studie Über die Realität und Praxis von Corporate Identity in der deutschen Wirtschaft, unveröffentlicht. Düsseldorf 1986
- **Kiessling, W. F./Spannagl, P.:** Corporate Identity, Unternehmensleitbild – Organisationskultur, Alling 1996 (Gute Checklisten für Ist-Analyse.)
- **Körner, M.:** CI und Unternehmenskultur. Ganzheitliche Strategie der Unternehmensführung, Stuttgart 1990

- **Kroehl, H.:** Corporate Identity als Erfolgskonzept im 21. Jahrhundert, München 2000
- **Regenthal, G.:** Ganzheitliche Corporate Identity. Form, Verhalten und Kommunikation erfolgreich steuern, Wiesbaden 2003
- **Schmidt, K. (Hrsg):** Corporate Identity in Europa, Frankfurt/Main 1994 (Viele Praxisbeispiele.)

Unternehmenskultur

KLASSIKER
- **Blom, H.:** Interkulturelles Management, Herne/Berlin 2002 (Praxisorientiertes Buch mit wissenschaftlichem Hintergrund.)
- **Dülfer, E. (Hrsg.):** Organisationskultur, Wiesbaden 1988
- **Heinen, E.:** Unternehmenskultur, München und Wien 1987
- **Neuberger, O. / Kompa, A.:** Wir, die Firma, Weinheim/Basel 1987
- **Schein, E. H.:** Organizational Culture and Leadership, San Francisco/Washington/London 1985
- **Sprenger, R.:** Mythos Motivation, Frankfurt/New York 2002 (sehr anregende kritische Sicht.)

BEISPIELE
- **Bromann, P./Piwinger, M.:** Gestaltung der Unternehmenskultur, Stuttgart 1992 (Zwei Praktiker schreiben über Unternehmenskultur und Kommunikation mit wissenschaftlichem Hintergrund und kritischer Betrachtungsweise. Fallbeispiel: VORWERK.)
- **Scott-Morgan, P./Arthur D. Little:** Die heimlichen Spielregeln, Frankfurt/New York 1994
- **Wever, U./Besig, H.-M.:** Unternehmens-Kommunikation als Lernprozess, Frankfurt/New York 1995 (Interessante und detaillierte Darstellung eines Fallbeispiels durch Praktiker.)

Markenführung

- **Aaker, A. A./Joachimsthaler, E.:** Brand Leadership, München 2001 (Aufbau und Gestaltung der Markenidentität anschaulich und mit vielen Beispielen beschrieben.)
- **Baumgarth, C.:** Markenpolitik, Wiesbaden 2001 (Einführung ins Thema, enthält die wichtigen wissenschaftlichen Konzepte und Erkenntnisse.)
- **Esch, F.-R.:** Strategie und Technik der Markenführung, München 2003 (Dicker Sammelband, der viele Aspekte der Markenführung abdeckt. Das Buch liest sich sehr gut. Allerdings geht es nur um die Markenkommunikation.)
- **Köhler, R./Majer, W./Wiezorek, H. (Hrsg.):** Erfolgsfaktor Marke, München 2001 (Guter Überblick über den aktuellen Stand sowie Chancen und Herausforderungen in der Markenführung.)
- **Meffert, H.:** Markenmanagement, Wiesbaden 2002 (Ausführliche Beschreibung des Identitätskonzeptes der Markenführung.)
- **Schmitt, B./Simonson, A.:** Marketing-Ästhetik, München und Düsseldorf 1998 (Die Autoren zeigen, wie die Produktpersönlichkeit in die Erlebniskette des Kunden umgesetzt werden kann.)

- **Schmittel, Wolfgang:** Corporate Design International. Zürich 1984
- **Tomczak, T./Schögel, M./Ludwig, E. (Hrsg.):** Markenmanagement für Dienstleistungen, St. Gallen 1998

Public Relations

- **Bentele, G./Piwinger, M./Schönborn, G. (Hrsg.):** Handbuch Kommunikationsmanagement, Neuwied/Kriftel/Berlin 2001 (Loseblattsammlung)
- **Brauner, D. J./Leitolf, J./Raible-Besten, R./Weigert, M. M. (Hrsg.):** Lexikon der Presse- und Öffentlichkeitsarbeit, München 2001 (Gutes Lexikon zum schnellen Nachschlagen.)
- **Herbst, D.:** Public Relations, 2. Aufl. Berlin 2003
- **Martini, B.-J. (Hrsg.):** Handbuch PR, drei Bände, Neuwied/Kriftel/Berlin 1994 ff. (Loseblattsammlung)
- **Merten, K.:** Handwörterbuch der PR, zwei Bände, Frankfurt/Main 2000
- **Oeckl, A. (Hrsg):** Taschenbuch des öffentlichen Lebens – Europa und internationale Zusammenschlüsse 2001/2002, Bonn 2001 (Standard-Nachschlagewerk)
- **Piwinger, M./Prött, M.:** Ausgezeichnete PR, Frankfurt/Main 2002 (Von Profis lernen.)
- **Schulz-Bruhdoel, N.:** Die PR- und Pressefibel, Frankfurt am Main 2001
- **Müller, B./Kreis-Muzzulini, A.:** Public Relations für Kommunikations-, Marketing- und Werbeprofis, Frauenfeld 2003 (Praktischer Ratgeber mit vielen Checklisten.)

Unternehmenskommunikation

- **Ahrens, R./Scherer, H./Zerfaß, A. (Hrsg.):** Integriertes Kommunikationsmanagement, Frankfurt/Main 1995 (Theoretische Einführung mit Praxisbeispielen von MILUPA, ENERGIE-VERSORGUNG SCHWABEN, ABB, SIEMENS und HEWLETT-PACKARD.)
- **Mast, C.:** Unternehmenskommunikation, Stuttgart 2002 (Theoretische Ansätze und ausgewählte Praxisthemen.)
- **Merten, K./Zimmermann, R. (Hrsg.):** Das Handbuch der Unternehmenskommunikation, Köln 2001 (Regelmäßig erscheinendes Handbuch mit Themen rund um die Unternehmenskommunikation; berücksichtigt auch die Markenführung.)
- **Rolke, Lothar:** Produkt- und Unternehmenskommunikation im Umbruch. Was Marketer und PR-Manager für die Zukunft erwarten. Hrsg. vom F.A.Z.-Institut, Frankfurt/Main 2003

Kommunikation

- **Ahrens, R./Scherer, H./Zerfass, A.:** Integriertes Kommunikationsmanagement, Frankfurt/Main 1995 (Sammlung von guten Beiträgen.)
- **Burkart, R.:** Kommunikationswissenschaft, Stuttgart 2002 (Überblick über die wissenschaftliche Diskussion zum Kommunikationsbegriff.)
- **Schulz von Thun, F.:** Miteinander reden, 3 Bände, Reinbek 1981 – 1998 (Bekanntestes Kommunikationsmodell, viele anschauliche Beispiele.)

Integrierte Kommunikation

- **Ahrens, R./Scherer, H./Zerfass, A.:** Integriertes Kommunikationsmanagement, Frankfurt/Main 1995
- **Kirchner, K.:** Integrierte Unternehmenskommunikation, Wiesbaden 2001

Interne Kommunikation

EHER WISSENSCHAFTLICH

- **Armbrecht, W.:** Innerbetriebliche Public Relations, Opladen 1992 (Umfassender Überblick über vorliegende Definitionen und Konzepte mit starkem Bezug zur Praxis.)
- **Bentele, G./Steinmann, H./Zerfaß, A. (Hrsg.):** Dialogorientierte Unternehmenskommunikation, Berlin 1996
- Hoffmann, C.: Das Intranet, Konstanz 2001
- **Noll, N.:** Gestaltungsperspektiven interner Kommunikation, Wiesbaden 1996 (Dissertation. Autorin überträgt den Marketinggedanken auf die interne Kommunikation, greift dabei Strategien, Instrumente und das Controlling auf.)

EHER PRAKTISCH

- **Deekeling, E./Fiebig, N.:** Interne Kommunikation der Zukunft, Wiesbaden 1998
- **Herbst, D.:** Interne Kommunikation, Berlin 1999
- **Klöfer, F. (Hrsg.):** Erfolgreich durch interne Kommunikation, Neuwied/Kriftel 1999 (Einführender Text von Franz Klöfer, der sich seit vielen Jahren mit interner Kommunikation beschäftigt, sowie 20 Fallstudien.)
- **Schick, S.:** Interne Unternehmenskommunikation, Stuttgart 2002 (Eines der wenigen guten Bücher zum Thema. Autor versteht interne Unternehmenskommunikation als integralen Bestandteil der Gesamtkommunikation des Unternehmens. Leider enthält das Buch keine Literaturtipps und andere Quellenhinweise.)

MITARBEITERBEFRAGUNGEN

- **Domsch, M./Schneble, A. (Hrsg):** Mitarbeiterbefragungen, Heidelberg 1991 (Enthält Standardfragebogen der Projektgruppe Mitarbeiterbefragungen. Viele Beispiele aus Unternehmen.)
- **Freimuth, J./Kiefer, B.-U. (Hrsg):** Geschäftsberichte von unten, Göttingen 1995 (Hinweise auch auf qualitative Erhebungsverfahren.)
- **Holm, K.-F.:** Die Mitarbeiterbefragung, Hamburg 1982 (Ebenfalls sehr praxisorientierte Hinweise für die Durchführung von Mitarbeiterbefragungen.)

Internationale Kommunikation

- **Backhaus, K. et al.:** Internationales Marketing, Stuttgart 1996
- **Blom, H.:** Interkulturelles Management, Herne/Berlin 2002 (Praxisorientiertes Buch mit wissenschaftlichem Hintergrund.)
- **Bungarten, T. (Hrsg):** Sprache und Kultur in der interkulturellen Marketingkommunikation, Tostedt 1994
- **Dmoch, T.:** Interkulturelle Werbung, Aachen 1997
- **Hofstede, G. (1991):** Lokales Denken, globales Handeln, München 2001

- **Hofstede, G.:** Interkulturelle Zusammenarbeit, Wiesbaden 1993
- **Johanssen, K.-P./Steger, U. (Hrsg):** Lokal oder global? Frankfurt/Main 2001
- **Thieme, W. M.:** Interkulturelle Kommunikation und Internationales Marketing, Frankfurt am Main et al. 2000

Emotionale Ansprache

- **Baumgart, G./Müller, A./Zeugner, G.:** Farbgestaltung, Berlin 1996 (Interessante Informationen für den tieferen Einstieg.)
- **Gaede, W.:** Abweichen von der Norm, München 2002 (Lebenswerk von Gaede, Ehrenmitglied des Art Director Clubs. Auf fast 800 Seiten viele, viele Beispiele. Sehr liebevoll gestaltet. Ein Muss für alle Kreativen!)
- **Heller, E.:** Wie Farben wirken, Reinbek 2002 (Gelungene Einführung in die Farbpsychologie.)
- **Linxweiler, R.:** Marken-Design, Wiesbaden 1999
- **Luther, M./Gründonner, J.:** Königsweg Kreativität, Paderborn 1998
- **Mikunda, C.:** Der verbotene Ort oder Die inszenierte Verführung, Düsseldorf 1998 (Toptitel für die dramaturgische Gestaltung von Erlebnissen.)
- **Mikunda, C.:** Marketing spüren, Frankfurt/Wien 2002 (Der neue Mikunda, wieder lesenswert!)
- **Schmitt, B./Simonson, A.:** Marketing-Ästhetik, München 1998
- **Urban, D.:** Kreativitätstechniken für Werbung und Design, Düsseldorf 1994

Event

- **Flume, P./Hirschfeld, K./Hoffmann, C.:** Unternehmenstheater in der Praxis, Wiesbaden 2001 (Schwerpunkt liegt auf der Unterstützung von Veränderungsprozessen durch Theater.)
- **Schäfer, S.:** Event-Marketing, Berlin 2005 (Solider Leitfaden zum Thema.)
- **Nickel, O.:** Event-Marketing, München 1998 (Sehr gut theoretisch fundiertes und anwendungsbezogenes Buch; sehr zu empfehlen.)

Bilderwelten

- **Gaede, W.:** Vom Wort zum Bild, München 1992 (Kreativ-Methoden der Visualisierung.)
- **Herbst, D.; Scheier, Chr.:** Corporate Imagery. Wie Ihr Unternehmen ein Gesicht bekommt, Berlin 2004
- **Kroeber-Riel, W./Esch, F.-R.:** Strategie und Technik der Werbung, 5. Auflage, Stuttgart 2000 (Klassiker der Positionierungslehre.)
- **Kroeber-Riel, W./Weinberg, P.:** Konsumentenverhalten, München 1999 (Umfassendes Werk.)
- **Kroeber-Riel, W.:** Bildkommunikation, München 1995 (Grundlagenwerk. Ein Muss für Einsteiger.)
- **Paivio, A.:** Imagery and Verbal Processes, New York u.a. 1971 (Grundlagenwerk zur Bildwirkung.)
- **Ruge, H.-D.:** Die Messung bildhafter Konsumerlebnisse, Heidelberg 1988

Konzeption

- **Althaus, M.:** Kampagne! Münster 2001 (Schwerpunkt auf kampagnenorientierte Politik.)
- **Fissenewert, R./Schmidt, S.:** Konzeptionspraxis, Frankfurt/Main 2002 (Eines der besten Bücher zum Thema. Etwas kindisches Beispiel eines Unternehmens für Gartenzwerge. Weitere Schwäche: Es gelingt nicht, das Thema Kommunikationsziele angemessen darzustellen. Dennoch empfehlenswert.)
- **Hartleben, R. E.:** Werbekonzeption und Briefing, München 2001 (Hilfreicher Praxisleitfaden mit einem Taschenplaner.)
- **Pickert, M.:** Die Konzeption der Werbung, Heidelberg 1994 (Eines der besten Konzeptionsbücher.)
- **Röttger, U. (Hrsg.):** PR-Kampagnen, Opladen 1997
- **Urban, D.:** Die Kampagne, Stuttgart 1997 (Werbepraxis in elf Konzeptionsstufen.)

Erfolgskontrolle

- **Flick, U.:** Qualitative Sozialforschung, Hamburg 2002 (Gelungenes Buch für alle, die sich ins Thema einlesen wollen. Qualitative Forschung wird immer wichtiger, um Motive, Wünsche und Erwartungen unserer Kommunikationspartner zu verstehen.)
- **Kromrey, H.:** Empirische Sozialforschung, Stuttgart 2002 (Standardwerk)

Dramaturgie

- **Laurel, B.:** Computers as theatre, 9. Auflage, 1993 (Interessanter Vergleich zwischen Dramaturgie im Theater und in der Internetkommunikation. Sehr anregend!)
- **Mikunda, C.:** Der verbotene Ort oder die inszenierte Verführung, Düsseldorf 1996 (Wunderschönes und anregendes Buch.)
- **Platz-Waury, E.:** Drama und Theater, Tübingen 1992 (Einführung)
- **Schulz, D.:** Lokal als Bühne, Düsseldorf 2000

Change Management

- **Doppler, K./Lautenburg, C.:** Change Management, Frankfurt/New York 1994 (Praxisnaher Handwerkskasten für Veränderungsprozesse in Organisationen.)
- **Mohr, N.:** Kommunikation und organisatorischer Wandel, Wiesbaden 1997 (Bedeutung der Kommunikation für Veränderungsprozesse in Unternehmen. Theoretischer Ansatz mit Befragungen von Vorständen und Betriebsräten.)

Dienstleistung

- **Bruhn, M./Meffert, H.:** Dienstleistungsmarketing, Wiesbaden 1995
- **Meyer, A.:** Dienstleistungsmarketing, München 1994
- **Pepels, W.:** Einführung in das Dienstleistungsmarketing, München 1995

Texten

- **Gassdorf, D.:** Das Zeug zum Schreiben, Frankfurt am Main 1996 (Stilblüten zum Schmunzeln und Übungen zum Bessermachen. Das Buch hält, was der Titel verspricht: Eine sehr praxisnahe Stilkunde mit vielen aktuellen Beispielen und Übungen.)
- **Schneider, W.:** Deutsch für Kenner, Hamburg 1996
- **Schneider, W.:** Deutsch für Profis, München 1999
- **Schneider, W.:** Wörter machen Leute, München 2000

Internet und Multimedia

- **Bins, E. K./Piwinger, B. A.:** Newsgroups, Bonn u.a. 1997 (Standardwerk für Newsgroups. Sehr empfehlenswert.)
- **Bremer, C./Fechter, M. (Hrsg):** Die virtuelle Konferenz, Essen 1999 (Verständlicher und anwendungsorientierter Leitfaden für den Dialog mit Bezugsgruppen.)
- **Döring, N.:** Sozialpsychologie des Internet, Göttingen 1999 (Umfangreiches, wissenschaftliches Buch über soziale Beziehungen im Internet. Sehr interessant!)
- **Friedlaender, F.:** Online-Medien als neues Instrument der Öffentlichkeitsarbeit, Hamburg 1999 (Dissertation zum Thema mit eigener empirischer Untersuchung der Nutzung des Internet in der PR.)
- **Herbst, D.:** Internet-PR, Berlin 2001
- **Herbst, D.:** E-Branding – starke Marken im Netz, Berlin 2002
- **Hooffacker, G.:** Online-Journalismus, München 2001
- **Holtz, S.:** Public Relations on the Net, New York 1999
- **Matejcek, K.:** Newsletter und Mailinglisten, Wien/Frankfurt 2000 (Praxisnahe Einführung und viele Tipps.)
- **Meier, K. (Hrsg):** Internet-Journalismus, 2. überarbeitete und erweiterte Auflage, Konstanz 1999 (Anschaulich geschriebenes, praxisnahes Buch für Journalisten. Es ist aber genau so gut für PR-Profis geeignet.)

Gestaltung von Websites

- **Lynch, P. J./Hortin, S./Rosdale, R. M.:** Erfolgreiches Web-Design, 1999 (Übersetzung des Klassikers „Web Style Guide“, sehr gutes Taschenbuch.)
- **Siegel, D.:** Das Geheimnis erfolgreicher Web Sites, Haar 1998 (Klassiker)
- **Babiak, U.:** Effektive Suche im Internet, Köln 1999 (Viele wertvolle Tipps, wie Sie gezielt Informationen im Internet finden.)

Rechtsfragen im Internet

- **Ricke, S.:** Ratgeber Online-Recht, Planegg 1998 (Guter Ratgeber, der zum Beispiel Themen aufgreift wie die Wahl eines Domain-Namens und eines Providers, Datenschutz und E-Commerce.)
- **Strömer, T. H.:** Online-Recht, Heidelberg 2000 (Viele Tipps und Tricks; im Anhang befinden sich wichtige Entscheidungen deutscher Gerichte; auch für einen tieferen Einstieg in das Thema geeignet.)

Interaktive Medien und Multimedia
- **Fink, D.:** Marketing-Management mit Multimedia, Wiesbaden 1997 (viele gute Beiträge)
- **Krzeminski, M./Zerfaß, A. (Hrsg.):** Interaktive Unternehmenskommunikation, Frankfurt am Main 1998 (Sehr empfehlenswerter Sammelband zu unterschiedlichen Aspekten des Themas, mehrere Beiträge speziell zur PR im Internet.)
- **Levinson, J. C./Rubin, C.:** Guerilla Marketing Online, München 1995 (Nicht mehr ganz aktuelles, aber dennoch interessantes Taschenbuch. Offen bleibt nur, wie sich der Titel „Guerilla" rechtfertigt.)
- **Silberer, G. (Hrsg.):** Interaktive Werbung, Stuttgart 1997 (Gute Einführung in die interaktive Kommunikation.)

Verschiedenes

- **Hanstein, C.:** Geschäftspartner PR-Agentur, Essen 2002 (Handbuch mit vielen praktischen Tipps für die Zusammenarbeit mit Agenturen.)
- **Kim, A. J.:** Community Building, Bonn 2001 (Gelungene Einführung in das Thema, das ausgezeichnet auf Netzwerke übertragen werden kann. Themen wie die Leitbildentwicklung werden ausführlich behandelt. Leider fehlen Verweise auf weiterführende Literatur.)

Kreativitätstechnik
- **Pricken, M.:** Kribbeln im Kopf, Mainz 2001

Projektmanagement
- **Birker, K.:** Projektmanagement, Berlin 2003
- **Daenzer, W. (Hrsg):** Systems Engineering, Zürich 1992
- **Madauss, B. J.:** Projektmanagement, Stuttgart 1984

Moderation und Präsentation
- **Haynes, M. E.:** Konferenzen erfolgreich gestalten, Wien 1991
- **Klebert, K./Schrader, E./Straub, W. G.:** KurzModeration, Hamburg 1998 (Anwendung der Moderations-Methode in Betrieb, Schule und Hochschule, Kirche und Politik, Sozialbereich und Familie bei Besprechungen und Präsentationen.)
- **Klebert, K./Schrader, E./Straub, W. G.:** ModerationsMethode, Hamburg 2002 (Gestaltung der Meinungsbildung und Willensbildung in Gruppen, die miteinander lernen und leben, arbeiten und spielen.)

Stichwortverzeichnis